LE

SYSTÈME MÉTRIQUE

FRANÇAIS,

GUIDE THÉORIQUE ET PRATIQUE

De l'Acheteur et du Vendeur.

Conformément à la loi, deux exemplaires de cet ouvrage ont été déposés à la Préfecture du département du Jura, pour en assurer la propriété.

L'Auteur,

IMPRIMERIE F. GAUTHIER A LONS-LE-SAUNIER.

LE SYSTÈME MÉTRIQUE FRANÇAIS.

Historique. — Législation. — Théorie. — Réglementation. — Numération. — Calcul. — Pratique. — Pénalité.

GUIDE
THÉORIQUE ET PRATIQUE
DE L'ACHETEUR ET DU VENDEUR,

PAR S. BENOIT,
VÉRIFICATEUR DES POIDS ET MESURES.

PARIS,
LIBRAIRIE ECCLÉSIASTIQUE, CLASSIQUE, ÉLÉMENTAIRE, DE CH. FOURAUT
Rue Saint-André-des-Arts, 47.

A LONS-LE-SAUNIER, CHEZ ESCALLE, LIBRAIRE, RUE DU COMMERCE.

A SAINT-CLAUDE, CHEZ L'AUTEUR.

1857.

PRÉFACE.

Il est remarquable que les peuples mettent toujours beaucoup de lenteur à s'approprier les innovations qui leur sont précisément le plus utiles, et que, lorsqu'ils ne sont pas ouvertement hostiles à leur établissement, ils n'acceptent les institutions nouvelles qu'avec la plus grande méfiance ou les plus grandes préventions ; cela est tellement vrai, que le bien lui-même est soumis aux influences morales et aux empêchements matériels, qui, à certaines époques des nations, le repoussent au moment où il voudrait se produire, pour lui faire néanmoins, au temps marqué par la Providence, la place que la marche incessante du progrès doit nécessairement lui assigner au foyer de la grande famille humaine.

Lorsque les nouveaux systèmes, longtemps rebutés par l'ignorance ou par les préjugés, réussissent enfin à se faire adopter, on les voit croître, se développer. Mais ils n'entrent facilement dans les mœurs, et ne pénètrent rapidement au sein des masses, qu'autant qu'ils produisent déjà d'heureux résultats, et que les traditions erronées contre lesquelles ils avaient à combattre, s'affaiblissent avec le temps, ou disparaissent devant une instruction plus solide et plus répandue.

Ces différentes péripéties ont été jusqu'à ce jour, et seront probablement pendant quelque temps encore, celles du système légal des poids et mesures. Après plus de soixante années de luttes et d'efforts, il commence enfin, pour les hommes intelligents et impartiaux, à prendre rang parmi les institutions utiles; et, si ce n'était une routine dont le temps, sans doute, atténue journellement les effets, mais qu'entretient, d'un autre côté, le défaut des connaissances que, malgré sa simplicité, le système métrique exige pour être franchement appliqué, nous pourrions encore le voir, dans un avenir très-prochain, assez profondément entré dans les habitudes de la société, pour jouir nous-mêmes de tous les avantages que cette admirable institution réserve bien certainement aux générations futures.

Selon l'ordre des choses, le système décimal finira donc, un jour ou l'autre, par être seul employé; mais, nous n'hésitons pas à le déclarer, il ne faut compter sur son usage exclusif que lorsque le peuple sera parfaitement familiarisé avec les idées abstraites de la science sur laquelle repose la théorie de ce système.

Cependant, ainsi qu'on se plaît à le constater tous les jours, au moment où le système métrique français tend à s'universaliser, il ne conviendrait pas qu'après avoir eu l'honneur de l'introduire dans le monde, nous restassions en arrière pour en faire l'application d'une manière complète, faute des connaissances qui, pour cela, nous seraient nécessaires.

Nous devons donc faire tous nos efforts pour populariser ces connaissances et combattre, en même temps, chacun dans la sphère de notre influence, les préjugés qui plaideraient encore dans quelques esprits en faveur des anciens systèmes. Le gouvernement actuel poursuit ce résultat avec zèle et intelligence; le devoir des hommes spéciaux, notamment des vérificateurs des poids et mesures, est de lui venir en aide, en mettant à son service leur expérience et leur dévouement.

C'est afin de concourir, pour notre part, à cette œuvre éminemment nationale, que nous avons réuni et coordonné les matériaux dont est composé notre *Système métrique français, guide théorique et pratique de l'acheteur et du vendeur.*

Nous osons croire que, mis entre les mains des jeunes gens, cet ouvrage, où le système des mesures légales fonctionne, en quelque sorte, dans tous ses détails, sous les yeux du lecteur même, contribuerait, dans d'imposantes proportions, à faire suivre au système décimal la marche progressive que l'administration cherche d'une manière si louable à lui imprimer.

D'autre part, si, dans les transactions commerciales, le public est encore assez souvent victime d'infidélités commises à son préjudice; si, de plus, les assujettis soumis à l'exercice des poids et mesures sont encore assez fréquemment poursuivis pour infractions aux lois et règlements sur cette matière, c'est que, il faut le dire, ceux-ci, dans l'accomplissement de leurs devoirs, ont été jusqu'alors privés d'un livre dans lequel leur ligne de conduite leur fût sûrement tracée, et que celui-là, pour exercer ses droits dans toute leur étendue, n'a pas toujours toute l'habileté qu'il lui faudrait.

Le Système métrique français, guide théorique et pratique de l'acheteur et du vendeur, encore rédigé à ce double point de vue, enseigne les droits et trace les devoirs de chacun, en même temps qu'il tend, par la généralisation des connaissances qui en font la base, à vulgariser d'une façon certaine et indéfinie le système décimal des poids et mesures.

Toutes les personnes qui se trouvent dans le cas de vendre ou d'acheter, aussi bien que les pères de famille jaloux d'assurer à leurs enfants des connaissances d'un usage de chaque jour, ne sauraient donc se dispenser de se procurer ce livre : livre dans lequel sont traitées des questions touchant ainsi aux intérêts les plus directs des populations ; livre, par cela même, des plus utiles, et dont on peut tirer plus de profits dans le commerce ordinaire de la vie.

La censure découvrira peut-être des imperfections dans notre modeste publication ; mais, fort de nos intentions, nous attendons sans crainte le jugement que le public portera sur notre travail. Nous accueillerons même avec gratitude les observations d'une honorable critique, et, sans autre but que celui de servir utilement notre pays, nous saurons profiter de toutes les communications tendant à l'amélioration de ce livre.

LE

SYSTÈME MÉTRIQUE FRANÇAIS.

PREMIÈRE PARTIE.

HISTORIQUE.

I.

Les objets ne sont pas seulement considérés sous le rapport du nombre ; on a aussi souvent besoin de les considérer en eux-mêmes, sous le rapport de leur longueur, de leur surface, de leur volume, de leur poids, de leur prix ou valeur commerciale, etc.; toutes choses qui peuvent être plus ou moins grandes, et qui doivent être déterminées exactement si l'on veut avoir une idée juste des objets que l'on considère ; mais cette détermination ne peut avoir lieu qu'en *mesurant* les objets.

La plus simple de toutes les manières de *mesurer* est celle qui se pratique dans les opérations semblables à la suivante : Un ouvrier veut connaître la hauteur d'un mur ; pour cela, il prend une longueur, celle d'une règle, par exemple, et l'applique sur le mur, en suivant une ligne de bas en haut, autant de fois que cela se peut. S'il trouve que la règle peut être portée douze fois, de manière à arriver précisément à l'extrémité du mur, il en conclut que la hauteur du mur vaut douze fois la longueur de la règle, qu'elle est de douze règles : car il est évident que ce que l'ouvrier a fait revient exactement à joindre bout à bout douze règles de même longueur que celle dont il s'est servi. Il s'y prendrait de même pour avoir soit la largeur, soit l'épaisseur d'un corps.

D'après cela, qu'est-ce que mesurer une étendue en longueur, ou en largeur, ou en épaisseur? C'est évidemment chercher combien cette étendue contient de fois une certaine longueur, qui est ici la longueur d'une règle. Les mesures qu'on emploie dans ces sortes de cas, s'appellent *mesures linéaires*, parce que l'étendue qu'elles servent à mesurer est une simple ligne.

Dans d'autres cas, on fait attention en même temps à la longueur et à la largeur de l'objet que l'on considère, comme lorsqu'on veut connaître la grandeur d'une cour. Pour y parvenir, on cherche combien de fois cette grandeur renferme une surface déterminée, celle qui, par exemple, serait représentée par un carré ayant une mesure de longueur de côté; et la mesure alors est elle-même ce carré.

Ces sortes de mesures s'appellent en général *mesures de superficie* ou *de surface*; et quand l'étendue qu'elles servent à mesurer est celle d'un champ, d'un bois, ou de toute autre partie de terrain, elles prennent le nom de *mesures agraires*.

On peut aussi considérer à la fois la longueur, la largeur et l'épaisseur d'un corps. S'agit-il, par exemple, de mesurer une pièce de bois? On détermine, pour cela, la grandeur de la portion de l'espace qu'elle occupe. On y parvient en comparant cette grandeur à celle d'un cube d'un volume connu. Dans ce cas, la mesure est elle-même ce cube, et celles qu'on destine à cet usage se nomment, en général, *mesures de solidité*.

On appelle, en particulier, *mesures de capacité*

celles qui servent à faire connaître la quantité de liquide ou de grains que contient un vase.

Les poids peuvent aussi être regardés comme des espèces de mesures. Lorsque, par exemple, on dit d'un corps qu'il pèse huit fois plus qu'un autre, on entend, par cela même, qu'il faut, pour soutenir le premier, un effort huit fois plus grand que pour soutenir le second, pris pour *mesure de poids*.

Enfin, l'usage des monnaies a aussi beaucoup d'analogie avec celui des mesures dont nous venons de parler. Ainsi, lorsqu'en calculant le prix d'une certaine quantité de marchandise, on trouve ce qu'elle vaut en espèces, c'est une manière de mesurer la valeur de cette marchandise, en considérant combien cette valeur vaut de fois celle que la loi reconnaît à une pièce de métal prise pour terme de comparaison, et appelée *mesure monétaire*.

On voit, par ce qui précède, que, lorsqu'on a mesuré un objet quelconque, on rapporte toujours le résultat de l'opération à une certaine mesure déterminée et contenue plus ou moins de fois dans la chose à mesurer. Cette mesure s'appelle plus particulièrement *unité de mesure*.

Quand cette unité n'est pas contenue exactement et sans reste dans la grandeur à mesurer, on exprime ce reste par des subdivisions de l'unité ; c'est ce qui a lieu lorsque, ayant mesuré la hauteur d'un mur avec une règle, considérée comme unité de longueur, on trouve que cette hauteur est de douze règles et demie.

L'ensemble des diverses mesures dont on peut avoir besoin dans ces différentes manières de mesurer, constitue ce que l'on nomme un *système de poids et mesures*.

C'est le système établi en France par les lois des 18 germinal an III et 4 juillet 1837, et nommé, par cette raison, *système légal des poids et mesures*, que nous nous proposons d'étudier dans ce livre.

II.

Autrefois, on se servait en France d'une infinité de mesures, dont la grandeur et les subdivisions, variant dans chaque pays et souvent d'un simple village à un autre, sans être soumises à aucune règle constante, présentaient les plus grandes irrégularités, et rendaient fort compliquées les opérations qui s'y rattachaient.

Sous l'influence de quelles causes cette diversité de mesures prit-elle naissance?

« Il y a lieu de croire que, dans l'origine, chaque père de famille, chaque chef de tribu, prit au hasard tout ce qui lui tombait sous la main pour en faire ses poids et mesures. Le bâton sur lequel il s'appuyait, le premier vase qu'il aura fabriqué, une pierre qui avait attiré ses regards, ont pu lui servir à évaluer la longueur, le volume et le poids des corps. Il ne s'agissait que d'employer constamment les mêmes objets à cet usage. Toutes grossières qu'étaient ces mesures, on ne songea plus à en choisir d'autres, dès qu'on en eut contracté l'habitude : on en fit des copies durables; et c'est ainsi que s'établirent, dans chaque province, et presque dans chaque hameau, des mesures tout-à-fait étrangères à celles des lieux les plus voisins (1). »

Des mesures établies dans ces conditions ne pouvaient appartenir à aucun système. On ne doit effectivement donner ce nom qu'à l'ensemble d'objets liés par un petit nombre de principes communs et homogènes. Leurs subdivisions devaient aussi présenter la même diversité : si le hasard permettait qu'il y eût, à ce sujet, identité parfaite entre les mesures de deux cantons plus ou moins rapprochés, ce fait devait rarement se présenter, puisque, partout, on n'obéissait qu'à une impulsion purement locale.

(1) Tarbé, *Manuel des poids et Mesures*.

III.

Le système d'uniformité des poids et mesures, depuis si longtemps réclamé, comme l'attestent les cahiers de tous les anciens états-généraux, et tenté infructueusement par l'autorité depuis des siècles, ainsi qu'on le voit par plus de vingt édits, dont les premiers remontent à Charlemagne, a enfin triomphé de l'ignorance routinière.

Après les projets non exécutés de Charlemagne à cet égard, les inutiles efforts de quelques rois qui vinrent ensuite (Philippe-le-Long, Louis XI, François Ier, Charles IX, Henri IV et Louis XIV), il était réservé à l'Assemblée constituante de faire jouir la France de ce bienfait. Ce fut dans la seconde année de sa législature qu'elle adopta les premiers moyens pour arriver à l'établissement de l'uniformité des poids et mesures. Mais d'où vient que ce grand événement ne put définitivement s'accomplir qu'ensuite de prescriptions d'une date aussi récente ?

« C'est qu'au moyen-âge, et jusqu'à la Révolution de 1789, la France était divisée en un grand nombre de provinces, dont chacune avait des usages étrangers aux provinces voisines ; c'est que chacune d'elles tenait obstinément à ce que nous appellerons sa nationalité particulière, et rejetait avec dédain toute mesure qui, lui faisant mettre de côté les vieilles traditions locales, lui enlevant son cachet particulier, devait la confondre avec les autres parties du royaume. Le peuple n'était pas seul opposé à l'unité des poids et mesures : les seigneurs, guidés par d'autres motifs, pensaient à cet égard comme le peuple ; pour eux, il s'agissait surtout de défendre un intérêt de grande importance, et de soustraire à la puissance royale un pouvoir dont la féodalité se montrait si jalouse.

« Chaque province était un petit royaume, où le

fisc percevait, au profit du seigneur, des impôts de toute espèce ; où chaque usage public, chaque coutume administrative produisait d'excellents revenus ; il était donc important de maintenir les coutumes, et de les défendre contre les efforts tentés par la puissance royale pour leur substituer des lois d'une application générale et uniforme.

« Au surplus, il manquait au souverain, pour établir l'unité des poids et mesures, une base unique et permanente ; pour obtenir l'unité, il aurait fallu rendre obligatoire pour la France entière la mesure adoptée dans une province, celle de Paris, par exemple ; mais l'esprit des autres provinces s'y serait violemment opposé ; la puissance royale eût été trop faible, les abus n'auraient pas été détruits (1). »

IV.

Bien que le principe de l'uniformité des poids et mesures fût adopté depuis quelque temps, la base unique et permanente, sur laquelle on cherchait à l'appuyer, ne fut définitivement arrêtée qu'en vertu de la loi du 26-30 mars 1791.

« Jusque-là, des obstacles insurmontables s'étaient opposés à la réalisation d'une idée dont la sagesse fait le plus grand honneur à ceux de nos monarques qui l'ont conçue ; et, en France, le commerce, les achats et les ventes, c'est-à-dire la fortune et la vie du pays, avaient continué à présenter la triste bigarrure de quatre cent trente-cinq mesures diverses par leur capacité ou leur pesanteur, diverses par leurs noms, inconnues d'un village à l'autre, dangereuses pour la sécurité des transactions commerciales.

« La Révolution de 1789 pouvait, seule, avoir

(1) Béranger, *Notice statistique sur les bureaux de pesage et de mesurage publics*.

la force de réaliser ce projet depuis si longtemps conçu, parce que, seule, elle détruisait les lignes de démarcation qui brisaient l'unité nationale. Du moment où les provinces disparaissent, les usages particuliers cessent d'exister. Quand il n'y eut plus qu'une nation, la loi devint une ; les priviléges des villes et les coutumes des provinces, faisant place à la légalité, disparurent enfin devant une règle uniforme (1). »

V.

Pour imprimer au système des poids et mesures une durée qui fût à l'abri des révolutions qui ont bouleversé le monde, on résolut de donner aux nouvelles mesures une base commune, et de prendre cette base dans la nature même. En conséquence, chargée de ce soin par l'Assemblée constituante, l'Académie des sciences imposa à Delambre et à Méchain la tâche de mesurer l'arc du méridien terrestre compris entre Dunkerque et Barcelone. MM. Biot et Arago ayant continué le travail jusqu'à l'île Formentera (Baléares), ces savants ont conclu de leurs opérations la longueur du quart du méridien. Cette longueur a été divisée en dix millions de parties égales, et l'on a fait construire une règle en platine dont la longueur, à la température de la glace fondante, fût précisément égale à l'une de ces parties. Telle est la longueur qu'on a prise pour unité linéaire, et qu'ainsi on a appelée *mètre*.

« Le quart du méridien dut être préféré au quart de l'équateur, à raison des grandes difficultés qu'auraient présentées les opérations nécessaires pour déterminer ce dernier élément, et leur vérification, si jamais on eût voulu y recourir. D'ailleurs, la régularité de ce cercle n'est pas plus assurée que

(1) Béranger, *Notice stastistique*, etc.

la similitude ou la régularité des méridiens. La grandeur de l'arc céleste répondant à la portion d'équateur qu'on aurait mesurée, est moins susceptible d'être déterminée avec précision ; enfin, chaque peuple appartient à un des méridiens de la terre ; une partie seulement est placée sous l'équateur (1). »

VI.

L'unité des mesures de longueur se trouvant ainsi déduite de la grandeur même de la terre, et n'offrant rien, par conséquent, qui fût particulier à un lieu plutôt qu'à un autre, l'étalon prototype de cette unité fut déposé aux archives nationales, où il est conservé avec le plus grand soin. Mais, tel est encore l'avantage d'un système reposant sur une pareille base, que, quand l'étalon primitif et toutes les copies qu'on en a prises viendraient à être détruits, on pourrait encore en retrouver la valeur primordiale. On y parviendrait au moyen d'une expérience aussi simple que facile, faite sur le pendule de l'Observatoire de Paris. On a exactement déterminé, pour ce lieu, la longueur que doit avoir ce pendule pour faire dans l'espace d'un jour un nombre d'oscillations donné. Ce serait à l'aide de cette longueur qu'on reviendrait à la longueur précise du mètre.

C'est du mètre, comme on le verra bientôt, qu'on a déduit les autres unités de mesures; d'où le nom de *Système métrique*, donné à notre système légal des poids et mesures.

VII.

La vraie longueur du mètre étant rigoureusement déterminée, et toutes les précautions possi-

(1) Tarbé, *Manuel des poids et mesures*.

bles ayant été prises pour en assurer l'invariabilité, les mesures de surface, de solidité et de contenance s'en déduisirent naturellement : le carré d'un mètre de côté fut pris pour unité de superficie; le cube d'un mètre de côté, pour unité de volume; et celui d'un décimètre, pour unité de capacité. Il n'en fut pas de même lorsqu'il s'agit d'arrêter les unités de poids et de monnaie. Il pouvait, en effet, y avoir de l'arbitraire dans le choix du volume qu'on emploierait pour la première, et dans celui de la pesanteur qu'on donnerait à la seconde. La détermination de l'unité de poids dépendait, en outre, d'une foule d'expériences, d'opérations et de réductions fort délicates. Ce fut à Lefèvre-Gineau que l'Institut en confia la direction. Secondé par Fortin, l'un des artistes les plus distingués de ce temps, ce savant parvint, à force d'habileté et de persévérance, à donner à son travail le degré de précision le plus élevé, et, sur les conclusions de son remarquable rapport, d'accord, en cela, avec les usages et les besoins de la société, l'Académie adopta le poids d'un centimètre cube d'eau pour unité de pesanteur.

Quant à l'unité monétaire, il fut convenu qu'elle consisterait en une pièce d'argent alliée d'un dixième de cuivre, et de cinq fois le poids de l'unité de pesanteur.

Ayant ainsi choisi une unité pour chacune des espèces de grandeurs, il fallut, pour compléter ces conventions, composer avec ces unités des unités plus grandes, pour éviter l'emploi de nombres trop considérables, dont on se forme difficilement une idée exacte, et subdiviser aussi cette unité, afin de pouvoir mesurer les quantités qui sont plus petites; enfin, pour soulager la mémoire et réduire les calculs au plus grand degré de simplicité possible, on dut soumettre les mesures plus grandes et les mesures plus petites que l'unité à la même loi, et cette loi fut la *décimale* : d'où le nom de *système déci-*

mal, par lequel on désigne encore le système métrique.

VIII.

Telles sont les bases précises et fixes sur lesquelles se trouve invariablement fondé le système métrique français. Il appartenait d'autant mieux à la France de voir sortir de son sein ce nouveau système de mesures, qui, ainsi qu'on vient de le voir, remontent toutes à une partie déterminée de la circonférence du globe, comme à leur origine commune, que nul autre pays n'offrait une position aussi heureuse par rapport à l'arc du méridien qui devait être mesuré : celui qui traverse la France ayant le double avantage d'être coupé par le parallèle moyen, et de reposer, par ses extrémités, sur les bords des deux mers.

Mais ce système, dont la base est empruntée à la nature, et invariable comme elle, convient également à tous les peuples. Plusieurs puissances étrangères, sur l'invitation du gouvernement français, ont envoyé des savants d'un mérite distingué, qui, réunis aux commissaires de l'Institut national, ont discuté avec eux les observations et les expériences d'où l'on a déduit les unités fondamentales de longueur et de poids, et ont concouru ainsi, par leur zèle et par leurs lumières, à consommer cette vaste entreprise. Jamais les sciences n'ont offert un spectacle plus digne d'elles que celui de cette société si intéressante, qui, en fournissant une nouvelle preuve que les hommes éclairés de tous les pays ne composent qu'une même famille, donnait en quelque sorte sa sanction à ce système, dont l'adoption pourrait devenir le gage d'une union plus étroite entre les nations elles-mêmes.

Si l'Angleterre n'a pas pris part à l'élaboration du système métrique, la faute n'en est pas à la France : car cette première puissance fut spécialement invitée, dès le début, à y exercer l'influence qui lui appartenait.

IX.

Malgré la coopération de nombreux savants étrangers dans l'élaboration du système métrique, la France fut longtemps seule à l'expérimenter. Cependant, aujourd'hui, il se manifeste de tous les points du globe une tendance vers l'adoption de ce système. Voyons, du reste, quel est actuellement son état dans le monde, et quel y est son avenir probable.

« La supériorité de notre système métrique, » lit-on dans un article de M. Armand Bertin, inséré dans le *Journal des Débats* du 4 avril 1853, « n'a pas échappé aux étrangers : plusieurs gouvernements, après s'en être fait rendre compte, en ont décidé l'adoption, ou même y ont procédé. Depuis quelque temps, le mouvement se prononce d'une manière remarquable : la Belgique, qui avait pu apprécier par expérience les mérites du système métrique, se l'est approprié de toutes pièces ; le Piémont en a pris au moins une partie ; de même la Suisse. Le gouvernement espagnol et le gouvernement portugais en ont récemment décrété d'une manière impérative l'adoption entière ; les différents états du Zollverein l'ont pris pour base d'un système commun de mesures, en faisant leur livre de 500 grammes, leur pied de 3 décimètres et leur pot d'un litre et demi ; dans le Nouveau-Monde, plusieurs des ci-devant colonies espagnoles ont répudié de même le système imparfait que leur avait légué leur ancienne métropole, pour y substituer le système métrique. Dans un écrit très-récent, M. Silbermann, l'un des fonctionnaires du Conservatoire des arts et métiers, mentionne encore la Pologne, la Grèce et le duché de Modène, comme ayant jusqu'à un certain point fait de même. »

L'Angleterre et les États-Unis ont aussi manifesté l'intention de réformer leur système de poids et mesures : déjà, du reste, aux États-Unis, on a adopté dans le système monétaire de ce pays la division du dollar en 100 parties. L'Angleterre a même fait un grand pas dans cette voie. La chambre des communes vient d'adopter en principe, malgré une forte opposition, l'établissement du système décimal. (Voir la *Presse* du 16 juin 1855.)

« Si les Anglais persistaient dans leur projet de réformer leurs poids et mesures, il est permis de croire que le raisonnement et le sentiment de l'intérêt public les conduiront à préférer à toute combinaison celle qui consisterait à s'approprier le système français. Ce serait entre eux et nous un rapprochement de plus, une nouvelle facilité donnée au commerce international. Après eux, cette uniformité aurait la plus grande chance de devenir universelle. Et il n'est pas douteux que si les États-Unis et l'Angleterre se ralliaient d'un commun accord au système métrique, tout le monde à peu près les imiterait (1). »

(1) Dalloz, *Jurisprudence générale*.

DEUXIÈME PARTIE.

LÉGISLATION.

X.

Décret du 8 mai 1790.

L'Assemblée nationale, désirant faire jouir à jamais la France entière de l'avantage qui doit résulter de l'uniformité des poids et mesures, et voulant que les rapports des anciennes mesures avec les nouvelles soient clairement déterminés et facilement saisis, décrète que Sa Majesté sera suppliée de donner des ordres aux administrations des divers départements du royaume, afin qu'elles se procurent et qu'elles se fassent remettre par chacune des municipalités comprises dans chaque département, et qu'elles envoient à Paris, pour être remis au secrétaire de l'Académie des sciences, un modèle parfaitement exact des différents poids et mesures élémentaires qui y sont en usage.

Décrète ensuite que le Roi sera également supplié d'écrire à Sa Majesté Britannique, et de la prier d'engager le parlement d'Angleterre à concourir avec l'Assemblée nationale à la fixation de l'unité naturelle de mesures et de poids; qu'en conséquence, sous les auspices des deux nations, des commissaires de l'Académie des sciences de Paris pourront se réunir en nombre égal avec des membres choisis de la société royale de Londres, dans le lieu qui sera jugé respectivement le plus convenable, pour déterminer, à la latitude de quarante-cinq degrés, ou toute autre latitude qui pourrait être préférée, la longueur du pendule, et en déduire un modèle invariable pour toutes les mesures et pour les poids ; qu'après cette opération faite avec toute la solennité nécessaire, Sa Majesté sera suppliée de charger l'Académie des sciences de fixer avec précision, pour chaque municipalité du royaume, les rapports de leurs anciens poids et mesures avec le nouveau modèle, et de composer ensuite, pour l'usage de ces municipalités, des livres usuels et élémentaires où seront indiquées avec précision toutes ces proportions.

Décrète en outre que ces livres élémentaires seront adressés à la fois dans toutes les municipalités, pour y être répandus et distribués ; qu'en même temps, il sera envoyé à chaque municipalité un certain nombre de nouveaux poids et mesures, lesquels seront délivrés gratuitement par elles à ceux que ce changement constituerait dans des dépenses trop fortes ; enfin, que, six mois après cet envoi, les anciennes mesures seront abolies et remplacées par les nouvelles.

XI.

Décret du 26-30 mars 1791.

L'Assemblée nationale, considérant que, pour parvenir à établir l'uniformité des poids et mesures, conformément à son décret du 8 mai 1790, il est nécessaire de fixer une unité de mesure naturelle et invariable, et que le seul moyen d'étendre cette uniformité aux nations étrangères et de les engager à convenir d'un même système de mesure, est de choisir une unité qui, dans sa détermination, ne renferme rien ni d'arbitraire ni de particulier à la situation d'aucun peuple sur le globe ; considérant de plus que l'unité proposée dans l'avis de l'Académie des sciences, du 19 mars de cette année, réunit toutes ces conditions ; a décrété et décrète qu'elle adopte la grandeur du quart du méridien terrestre pour base du nouveau système de mesures ;

qu'en conséquence, les opérations nécessaires pour déterminer cette base, telles qu'elles sont indiquées dans l'avis de l'Académie, et notamment la mesure d'un arc du méridien depuis Dunkerque jusqu'à Barcelone, seront incessamment exécutées ; qu'en conséquence, le Roi chargera l'Académie des sciences de nommer des commissaires qui s'occuperont sans délai de ces opérations, et se concertera avec l'Espagne pour celles qui doivent être faites sur son territoire.

XII.

Décret du 1er août 1793.

ART. 1er. Le nouveau système des poids et mesures, fondé sur la mesure du méridien de la terre et la division décimale, servira uniformément dans toute la République.

ART. 2, 3, 4, 5, 6 et 7. (Dispositions transitoires ou abrogées.)

ART. 8. Dès que les nouveaux étalons seront parvenus aux administrations du district, toutes les municipalités de chaque district seront tenues de faire construire des instruments de mesure et de poids, qui resteront déposés à la maison commune.

ART. 9, 10 et 11. (Dispositions transitoires.)

XIII.

Loi du 18 germinal an III.

La Convention nationale, voulant assurer au peuple français le bienfait des poids et mesures uniformes et invariables, et prendre les moyens les plus efficaces pour en faciliter l'introduction dans toute la République, décrète :

ART. 1er. (Disposition transitoire.)

ART. 2. Il n'y aura qu'un seul étalon des poids et

mesures pour toute la République ; ce sera une règle en platine sur laquelle sera tracé le *mètre*, qui a été adopté pour l'unité fondamentale de tout le système des mesures.

Cet étalon sera exécuté avec la plus grande précision, d'après les expériences et les observations des commissaires chargés de sa détermination, et il sera déposé près du Corps législatif, ainsi que le procès-verbal des opérations qui auront servi à le déterminer, afin qu'on puisse les vérifier dans tous les temps.

Art. 3. Il sera envoyé dans chaque chef-lieu de district un modèle conforme à l'étalon prototype dont il vient d'être parlé, et en outre un modèle de poids exactement déduit du système des nouvelles mesures. Ces modèles serviront à la fabrication de toutes les sortes de mesures employées aux usages des citoyens.

Art. 4. L'extrême précision qui sera donnée à l'étalon en platine, ne pouvant pas influer sur l'exactitude des mesures usuelles, ces mesures continueront d'être fabriquées d'après la longueur du mètre adoptée par les décrets antérieurs.

Art. 5. Les nouvelles mesures seront distinguées dorénavant par le surnom de *républicaines ;* leur nomenclature est définitivement adoptée comme il suit :

On appellera :

Mètre, la mesure de longueur égale à la dix-millionième partie de l'arc du méridien terrestre compris entre le pôle boréal et l'équateur ;

Are, la mesure de superficie pour les terrains, égale à un carré de dix mètres de côté ;

Stère, la mesure destinée particulièrement au bois de chauffage, et qui sera égale au mètre cube ;

Litre, la mesure de capacité, tant pour les liquides que pour les matières sèches, dont la contenance sera celle du cube de la dixième partie du mètre ;

Gramme, le poids absolu d'un volume d'eau pure égal au cube de la centième partie du mètre, à la température de la glace fondue ;

Enfin, l'unité des monnaies prendra le nom de *franc*, pour remplacer celui de *livre* usité jusqu'aujourd'hui.

Art. 6. La dixième partie du mètre se nommera *décimètre*, et sa centième partie *centimètre* ; on appellera *décamètre* une longueur égale à dix mètres ; ce qui fournit une mesure très-commode pour l'arpentage.

Hectomètre signifiera la longueur de cent mètres.

Enfin, *kilomètre* et *myriamètre* seront des longueurs de mille et de dix mille mètres, et désigneront principalement les distances itinéraires.

Art. 7. Les dénominations des mesures des autres genres seront déterminées d'après les mêmes principes que celles de l'article précédent.

Ainsi, *décilitre* sera une mesure de capacité dix fois plus petite que le litre ; *centigramme* sera la centième partie du poids d'un gramme.

On dira de même *décalitre* pour désigner une mesure contenant dix litres, *hectolitre* pour une mesure égale à cent litres ; un *kilogramme* sera un poids de mille grammes.

On composera d'une manière analogue les noms de toutes les autres mesures.

Cependant, lorsqu'on voudra exprimer les dixièmes ou les centièmes du franc, unité des monnaies, on se servira des mots *décime* et *centime*, déjà reçus en vertu des décrets antérieurs.

Art. 8. Dans les poids et les mesures de capacité, chacune des mesures décimales de ces deux genres aura son double et sa moitié, afin de donner à la vente des divers objets toute la commodité que l'on peut désirer ; il y aura donc le *double litre* et le *demi-litre*, le *double hectogramme* et le *demi-hectogramme*, et ainsi des autres.

Art. 9. (Disposition transitoire.)

Art. 10. Les opérations relatives à la détermination de l'unité des mesures de longueur et de poids, déduites de la grandeur de la terre, commencées par l'Académie des sciences, et suivies par la commission temporaire des mesures en conséquence des décrets des 8 mai 1790 et 1er août 1793, seront continuées, jusqu'à leur entier achèvement, par des commissaires particuliers, choisis principalement parmi les savants qui y ont concouru jusqu'à présent, et dont la liste sera arrêtée par le comité d'instruction publique. Au moyen de ces dispositions, l'administration dite *commission temporaire des poids et mesures* est supprimée.

Art. 11. Il sera formé en remplacement une agence temporaire, composée de trois membres, etc.

Art. 12. (Dispositions transitoires.)

Art. 13. La fabrication des mesures républicaines sera faite, autant qu'il sera possible, par des machines, afin de réunir à l'exactitude la facilité et la célérité dans les procédés, et, par conséquent, de rendre l'achat des mesures d'un prix médiocre pour les citoyens.

Art. 14. L'agence temporaire favorisera la recherche des machines les plus avantageuses; elle en commandera, s'il est besoin, aux artistes les plus habiles, ou les proposera au concours, suivant les circonstances. Elle pourra aussi accorder des encouragements en avances, matières ou machines, aux entrepreneurs qui prendraient des engagements convenables pour quelque partie importante de la fabrication des nouveaux poids et mesures. Mais, dans tous les cas, l'agence sera tenue de prendre l'autorisation du comité d'instruction publique.

Art. 15. L'agence temporaire déterminera les formes des différentes sortes de mesures, ainsi que les matières dont elles devront être faites, de manière que leur usage soit le plus avantageux possible.

Art. 16. Il sera gravé sur chacune de ces mesures leur nom particulier; elles seront marquées, en outre, du poinçon de la République, qui en garantira l'exactitude.

Art. 17. Il y aura à cet effet, dans chaque district, des vérificateurs chargés de l'apposition du poinçon. La détermination de leur nombre et de leurs fonctions fera partie des règlements que l'agence préparera, pour être ensuite soumis à la Convention nationale par son comité d'instruction publique.

Art. 18 et 19. (Dispositions transitoires.)

Art. 20. Pour faciliter les relations commerciales entre la France et les nations étrangères, il sera composé, sous la direction de l'agence, un ouvrage qui offrira les rapports des mesures françaises avec celles des principales villes de commerce des autres peuples.

Art. 21, 22 et 23. (Dispositions transitoires.)

Art. 24. Aussitôt après la publication du présent décret, toute fabrication des anciennes mesures est interdite en France, ainsi que toute importation des mêmes objets venant de l'étranger, à peine de confiscation et d'une amende du double de la valeur desdits objets.

Art. 25. Dès que l'étalon prototype des mesures de la République aura été déposé au Corps législatif par les commissaires chargés de sa confection, il sera élevé un monument pour le conserver et le garantir de l'injure des temps.

L'agence temporaire s'occupera d'avance du projet de ce monument, destiné à consacrer, de la manière la plus indestructible, la création de la République, les triomphes du peuple français, et l'état d'avancement où les lumières sont parvenues dans son sein.

Art. 26 et 27. (Dispositions transitoires.)

Art. 28. Il est enjoint à toutes les autorités constituées, ainsi qu'aux fonctionnaires publics, de concourir de tout leur pouvoir à l'opération importante du renouvellement des poids et mesures.

XIV.

Loi du 19 frimaire an VIII.

La commission du conseil des Anciens, créée par la loi du 19 brumaire an VIII, délibérant sur la proposition formelle de la commission consulaire exécutive contenue dans son message du 4 de ce mois, d'adopter définitivement le mètre et le kilogramme déposés au Corps législatif par l'Institut national des sciences et des arts, et de frapper une médaille qui transmette à la postérité l'opération qui lui sert de base ; — Considérant qu'on ne peut trop s'empresser de fixer la valeur du mètre et du kilogramme avec toute la précision que lui assurent les travaux des savants qui l'ont déterminée, et de consacrer l'époque glorieuse, pour la nation française, à laquelle a été consommée une opération aussi vaste et d'un aussi grand intérêt. . . . ; Approuve l'acte d'urgence et la résolution suivante :

Art. 1er. La fixation provisoire de la longueur du mètre à 3 pieds 11 lignes 44 centièmes, ordonnée par les lois des 1er août 1793 et 18 germinal an III, demeure révoquée et comme non avenue. Ladite longueur, formant la dix-millionième partie de l'arc du méridien terrestre, compris entre le pôle nord et l'équateur, est définitivement fixée, dans son rapport avec les anciennes mesures, à 3 pieds 11 lignes 296 millièmes.

Art. 2. Le mètre et le kilogramme en platine, déposés le 4 messidor dernier au Corps législatif par l'Institut national des sciences et des arts, sont les étalons définitifs des mesures de longueur et de poids.

Art. 3. (Cet article maintient la nomenclature

adoptée par la loi du 18 germinal an III, et renouvelée plus tard par la loi du 4 juillet 1837.)

Art. 4. Il sera frappé une médaille pour transmettre à la postérité l'époque à laquelle le système métrique a été porté à sa perfection, et l'opération qui lui sert de base.

L'inscription du côté principal de la médaille sera : *A tous les temps ; à tous les peuples !*

XV.

Décret du 12 février 1812.

(Malgré l'abrogation de ce décret [loi du 4 juillet 1837], il nous paraît indispensable d'en rappeler les dispositions, parce que, pendant 28 ans, il aura été la loi de la matière, et qu'il sera longtemps nécessaire d'y recourir pour l'intelligence des ouvrages ou des contrats rédigés sous son empire.)

Désirant faciliter et accélérer l'établissement de l'uniformité des poids et mesures dans notre Empire :

Art. 1er. Il ne sera fait aucun changement aux unités des poids et mesures, telles qu'elles ont été fixées par la loi du 19 frimaire an VIII.

Art. 2. Notre Ministre de l'Intérieur fera confectionner, pour l'usage du commerce, des instruments de pesage et de mesurage, qui présentent soit les fractions, soit les multiples desdites unités, les plus en usage dans le commerce, et accommodés aux besoins du peuple.

Art. 3. Ces instruments porteront, sur leurs diverses faces, la comparaison des divisions et des dénominations établies par les lois, avec celles anciennement en usage.

Art. 4. Nous nous réservons de nous faire rendre compte, après un délai de dix années, des résultats qu'aura fournis l'expérience, sur les perfectionnements que le système des poids et mesures serait susceptible de recevoir.

ART. 5. En attendant, le système légal continuera à être seul enseigné dans les écoles, y compris les écoles primaires, et à être seul employé dans toutes les administrations publiques, comme aussi dans les marchés, halles, et dans toutes les transactions commerciales et autres, entre nos sujets.

XVI.

Loi du 4 juillet 1837.

ART. 1er. Le décret du 12 février 1812, concernant les poids et mesures, est et demeure abrogé.

ART. 2. Néanmoins, l'usage des instruments de pesage et de mesurage, confectionnés en exécution des art. 2 et 3 du décret précité, sera permis jusqu'au 1er janvier 1840.

ART. 3. A partir du 1er janvier 1840, tous poids et mesures autres que les poids et mesures établis par les lois des 18 germinal an III et 19 frimaire an VIII, constitutives du système métrique décimal, seront interdits sous les peines portées par l'article 479 du Code pénal.

ART. 4. Ceux qui auront des poids et mesures autres que les poids et mesures ci-dessus reconnus, dans leurs magasins, boutiques, ateliers ou maisons de commerce, ou dans les halles, foires ou marchés, seront punis, comme ceux qui les emploieront, conformément à l'article 479 du Code pénal.

ART. 5. A compter de la même époque, toutes dénominations de poids et mesures autres que celles portées dans le tableau annexé à la présente loi, et établies par la loi du 18 germinal an III, sont interdites dans les actes publics ainsi que dans les affiches et les annonces.

Elles sont également interdites dans les actes sous seing privé, les registres de commerce et autres écritures privées produites en justice.

Les officiers publics contrevenants seront passibles d'une amende de 20 francs, qui sera recouvrée sur contrainte, comme en matière d'enregistrement.

L'amende sera de 10 francs pour les autres contrevenants : elle sera perçue pour chaque acte ou écriture sous signature privée ; quant aux registres de commerce, ils ne donneront lieu qu'à une seule amende pour chaque contestation dans laquelle ils seront produits.

Art. 6. Il est défendu aux juges et arbitres de rendre aucun jugement ou décision en faveur des particuliers, sur des actes, registres ou écrits dans lesquels les dénominations interdites par l'article précédent auraient été insérées, avant que les amendes encourues, aux termes dudit article, aient été payées.

Art. 7. Les vérificateurs des poids et mesures constateront les contraventions prévues par les lois et règlements, concernant le système métrique des poids et mesures.

Ils pourront procéder à la saisie des instruments de pesage et de mesurage, dont l'usage est interdit par lesdites lois et règlements.

Leurs procès-verbaux feront foi en justice jusqu'à preuve contraire.

Les vérificateurs prêteront serment devant le tribunal d'arrondissement.

Art. 8. Une ordonnance royale règlera la manière dont s'effectuera la vérification des poids et mesures.

Tableau des mesures légales, annexé à la loi du 4 juillet 1837.

NOMS SYSTÉMATIQUES.	VALEUR.	OBSERVATIONS.
Mesures de longueur.		
Myriamètre................	Dix mille mètres.	
Kilomètre	Mille mètres.	
Hectomètre................	Cent mètres.	
Décamètre.................	Dix mètres.	
MÈTRE.....................	Unité fondamentale des poids et mesur. (Dix-millionième partie du 1/4 du méridien terrestre.)	L'étalon prototype en platine, déposé aux archives le 4 messidor an VII, donne la longueur légale du mètre quand il est à la température zéro.
Décimètre.................	Dixième du mètre.	
Centimètre................	Centième du mètre.	
Millimètre................	Millième du mètre.	
Mesures agraires.		
Hectare...................	Cent ares ou dix mille mètres carrés.	
ARE	Cent mètres carrés, car. de dix mètres de côté.	
Centiare..................	Centième de l'are, ou mètre carré.	
Mesures de capacité pour les liquides et les matières sèches.		
Kilolitre.................	Mille litres.	

Suite du tableau.

NOMS SYSTÉMATIQUES.	VALEUR.	OBSERVATIONS.
Hectolitre..............	Cent litres.	
Décalitre	Dix litres.	
LITRE..................	Décimètre cube.	
Décilitre................	Dixième du litre.	
Mesures de solidité.		
Décastère...............	Dix stères.	
STÈRE..................	Mètre cube.	
Décistère...............	Dixième du stère.	
Poids.		
....	Mille kilogramm., poids du mètre cube d'eau et du tonneau de mer.	
....	Cent kilogramm., quintal métrique.	
KILOGRAMME............	Mille grammes, poids dans le vide d'un décimètre cube d'eau distillée à la température de quatre degrés centigrades.	L'étalon prototype en platine, déposé aux archives le 4 messidor an VII, donne dans le vide le poids légal du kilogramme.
Hectogramme...........	Cent grammes.	
Décagramme...........	Dix grammes.	
GRAMME...............	Poids d'un centimètre cube d'eau à quatre degrés centigrades.	
Décigramme............	Dixième du gramme.	

Suite du tableau.

NOMS SYSTÉMATIQUES.	VALEUR.	OBSERVATIONS.
Centigramme...........	Centième du gramme.	
Milligramme..	Millième du gramme.	
Monnaies.		
FRANC.................	Cinq grammes d'argent au titre de neuf dixièmes de fin.	
Décime................	Dixième du franc.	
Centime	Centième du franc.	

Conformément à la disposition de la loi du 18 germinal an III, concernant les poids et les mesures de capacité, chacune des mesures décimales de ces deux genres a son double et sa moitié.

XVII.

Ordonnance du 17 avril 1839.

TITRE 1er. — *Des vérificateurs.*

ART. 1er. La vérification des poids et mesures destinés et servant au commerce, est faite, sous la surveillance des préfets et sous-préfets, par des agents nommés et révocables par notre ministre secrétaire d'Etat des travaux publics, de l'agriculture et du commerce.

ART. 2. Un vérificateur est nommé par chaque arrondissement communal; son bureau est établi, autant que possible, au chef-lieu.

Néanmoins, si les besoins du service exigent qu'il

y ait plusieurs bureaux dans un arrondissement, le préfet peut proposer cette disposition à notre ministre secrétaire d'Etat des travaux publics, de l'agriculture et du commerce, qui l'arrête définitivement s'il le juge convenable.

Il peut, en outre, être nommé par notre ministre des vérificateurs-adjoints, soumis aux mêmes conditions et ayant les mêmes attributions que les vérificateurs.

Art. 3. Nul ne peut exercer l'emploi de vérificateur s'il n'est âgé de vingt-cinq ans accomplis, et s'il n'a subi des examens spéciaux d'après un programme arrêté par notre ministre des travaux publics, de l'agriculture et du commerce.

Art. 4. L'emploi de vérificateur est incompatible avec toutes autres fonctions publiques et toute profession assujettie à la vérification.

Art. 5. Les vérificateurs ne peuvent entrer en fonctions qu'après avoir prêté, devant le tribunal de première instance de l'arrondissement pour lequel ils sont commissionnés, le serment prescrit par la loi du 31 août 1830.

Dans le cas d'un changement de résidence ou de mission temporaire, ils sont tenus seulement de faire viser leur commission et leur acte de serment au greffe du tribunal dans le ressort duquel ils sont envoyés.

Art. 6. Chaque bureau de vérification sera pourvu de l'assortiment nécessaire d'étalons vérifiés et poinçonnés au dépôt des prototypes établi près du ministère des travaux publics, de l'agriculture et du commerce. Ces étalons doivent être vérifiés de nouveau au même dépôt une fois en dix ans.

Les poinçons nécessaires aux vérifications dans les départements seront fabriqués sur les ordres de notre ministre des travaux publics, de l'agriculture et du commerce. Ils porteront des marques distinctes pour chaque année d'exercice.

Les poinçons destinés à la vérification des poids et mesures, nouvellement fabriqués ou rajustés, seront différents de ceux qui sont destinés à constater les vérifications périodiques successives.

Art. 7. Les étalons et les poinçons des bureaux de vérification sont conservés par les vérificateurs, sous leur responsabilité et sous la surveillance des préfets et sous-préfets.

Art. 8. Le traitemement des vérificateurs est réglé par notre ministre des travaux publics, de l'agriculture et du commerce : il comprend par abonnement les frais de tournée ordinaire, ceux de bureau, ceux d'entretien et de transport des instruments de vérification, et les frais de confection de matrices de rôles.

Les étalons seront conservés et les opérations seront faites dans le local à ce désigné par l'administration.

Les étalons, les poinçons, les registres et l'ameublement des bureaux sont fournis aux vérificateurs par l'administration.

Les frais de tournées extraordinaires hors de leur arrondissement leur sont remboursés.

Art. 9. Les vérificateurs peuvent être suspendus par les préfets. Il est immédiatement rendu compte de cette mesure à notre ministre des travaux publics, de l'agriculture et du commerce.

Titre II. — *De la vérification.*

Art. 10. Les poids et mesures nouvellement fabriqués ou rajustés seront présentés au bureau du vérificateur, vérifiés et poinçonnés avant d'être livrés au commerce.

Art. 11. Aucun poids ou aucune mesure ne peut être soumis à la vérification, mis en vente ou employé dans le commerce, s'il ne porte, d'une manière distincte et lisible, le nom qui lui est affecté par le système métrique.

Notre ministre du commerce pourra excepter de l'exécution du présent article les poids et mesures dont la dimension ne s'y prêterait pas.

ART. 12. La forme des poids et mesures servant à peser ou mesurer les matières de commerce sera déterminée par des règlements d'administration publique, ainsi que les matières avec lesquelles ces poids et mesures seront fabriqués.

ART. 13. Indépendamment de la vérification primitive dont il est question dans l'article 10, les poids et mesures dont les commerçants compris dans le tableau indiqué à l'article 15 font usage, ou qu'ils ont en leur possession, sont soumis à une vérification périodique, pour reconnaître si la conformité avec les étalons n'a pas été altérée.

Chacunede ces vérifications est constatée par l'apposition d'un poinçon nouveau.

ART. 14. Les fabricants et marchands de poids et mesures ne sont assujettis à la vérification périodique que pour ceux dont ils font usage dans leur commerce.

Les poids, mesures et instruments de pesage et de mesurage, neufs ou rajustés, qu'ils destinent à être vendus, doivent seulement être marqués du poinçon de la vérification primitive.

ART. 15. Les préfets dressent, pour chaque département, le tableau des professions qui doivent être assujetties à la vérification.

Ce tableau indique l'assortiment des poids et mesures dont chaque profession est tenue de se pourvoir.

ART. 16. L'assujetti qui se livre à plusieurs genres de commerce doit être pourvu de l'assortiment de poids et mesures fixé pour chacun d'eux, à moins que l'assortiment exigé pour l'une des branches de son commerce ne se trouve déjà compris dans l'une des autres branches des industries qu'il exerce.

ART. 17. L'assujetti qui, dans une même ville, ouvre au public plusieurs magasins, boutiques ou ateliers distincts et placés dans des maisons différentes et non contiguës, doit pourvoir chacun de ses magasins, boutiques ou ateliers, de l'assortiment exigé pour la profession qu'il y exerce.

Art. 18. La vérification périodique se fait tous les ans dans les chefs-lieux d'arrondissement et dans les communes désignées par le préfet, et tous les deux ans dans les autres lieux. Toutefois, en 1840, elle aura lieu dans toutes les communes indistinctement.

Le préfet règle l'ordre dans lequel les diverses communes du département sont vérifiées.

Art. 19. Le vérificateur est tenu d'accomplir la visite qui lui est assignée pour chaque année, et de se transporter au domicile de chacun des assujettis inscrits au rôle, qui sera dressé conformément à l'art. 50.

Il vérifie et poinçonne les poids et mesures et instruments qui lui sont exhibés, tant ceux qui composent l'assortiment obligatoire au minimum que ceux que le commerçant possèderait en plus.

Il fait note de tout sur un registre portatif qu'il fait émarger par l'assujetti, et, si celui-ci ne sait ou ne veut signer, il le constate.

Art. 20. La vérification périodique pourra être faite aux siéges des mairies dans les localités où, conformément aux usages du commerce, et sur la proposition des préfets, notre ministre des travaux publics, de l'agriculture et du commerce, jugerait cette opération d'une plus facile exécution, sans toutefois que cette mesure puisse être obligatoire pour les assujettis, et sauf le droit d'exercice à domicile.

Les vérificateurs peuvent toujours faire, soit d'office, soit sur la réquisition des maires et du procureur du roi, soit sur l'ordre du préfet et des sous-préfets, des visites extraordinaires et inopinées chez les assujettis.

Art. 21. Les marchands ambulants qui font usage de poids et mesures sont tenus de les présenter, dans les trois premiers mois de chaque année, ou de l'exercice de leur profession, à l'un des bureaux de vérification dans le ressort desquels ils colportent leurs marchandises.

Art. 22. Les balances, romaines, ou autres instruments de pesage, sont soumis à la vérification primitive, et poinçonnés avant d'être exposés en vente et livrés au public.

Ils sont, en outre, inspectés dans leur usage, et soumis, sur place, à la vérification périodique.

Art. 23. Les membrures du stère et du double stère, destinées au commerce du bois de chauffage, sont, avant qu'il en soit fait usage, vérifiées et poinçonnées dans les chantiers où elles doivent être employées.

Elles y sont également soumises à la vérification périodique.

Art. 24. Les poids et mesures des bureaux d'octroi, bureaux de poids publics, ponts à bascule, hospices et hôpitaux, prisons et établissements de bienfaisance, et tous les autres établissements publics, sont soumis à la vérification périodique.

Art. 25. Les poids et mesures employés dans les halles, foires et marchés, dans les étalages mobiles, par les marchands forains et ambulants, sont soumis à l'exercice des vérificateurs.

Art. 26. Les visites et exercices que les vérificateurs sont autorisés à faire chez les assujettis, ne peuvent avoir lieu que pendant le jour.

Néanmoins, ils peuvent avoir lieu chez les marchands et débitants pendant tout le temps que les lieux de vente sont ouverts au public.

Art. 27. Les préfets fixent, par des arrêtés, pour chaque commune, l'époque où la vérification de l'année commence et celle où elle doit être terminée.

A l'expiration du dernier délai ci-dessus, et après que la vérification aura eu lieu dans la commune, il est interdit aux commerçants, entrepreneurs et industriels d'employer et de garder en leur possession des poids, mesures et instruments de pesage qui n'auraient pas été soumis à la vérification périodique et au poinçon de l'année.

Titre III. — *De l'inspection sur le débit des marchandises qui se vendent au poids et à la mesure.*

Art. 28. L'inspection du débit des marchandises qui se vendent au poids ou à la mesure est confiée spécialement à la vigilance et à l'autorité des préfets, sous-préfets, maires, adjoints, et commissaires de police.

Art. 29. Les maires, adjoints, commissaires et inspecteurs de police, feront, dans leurs arrondissements respectifs, et plusieurs fois dans l'année, des visites dans les boutiques et magasins, dans les places publiques, foires et marchés, à l'effet de s'assurer de l'exactitude et du fidèle usage des poids et mesures.

Ils surveilleront les bureaux publics de pesage et de mesurage dépendant de l'administration municipale.

Ils s'assureront que les poids et mesures portent les marques et poinçons de vérification, et que, depuis la vérification constatée par ces marques, ces instruments n'ont point souffert de variations, soit accidentelles, soit frauduleuses.

Art. 30. Ils visiteront fréquemment les romaines, les balances et tous les autres instruments de pesage. Ils s'assureront de leur justesse et de la liberté de leurs mouvements, et constateront les infractions.

Art. 31. Les maires et officiers de police veilleront à la fidélité dans le débit des marchandises qui, étant fabriquées au moule ou à la forme, se vendent à la pièce ou au paquet, comme correspondant à un poids déterminé ; néanmoins, les formes ou moules propres aux fabrications de ce genre ne seront jamais réputés instruments de pesage, ni assujettis à la vérification.

ART. 32. Les vases ou futailles servant de récipient aux boissons, liquides ou autres matières, ne seront pas réputés mesures de capacité ou de pesanteur.

Il sera pourvu à ce que, dans le débit en détail, les boissons et autres liquides ne soient pas vendus à raison d'une certaine mesure présumée, sans avoir été mesurés effectivement.

ART. 33. Les arrêtés pris par les préfets en matière de poids et mesures, à l'exception de ceux qui seront pris en exécution de l'article 18, ne seront exécutoires qu'après l'approbation de notre ministre du commerce.

TITRE IV. — *Des infractions et du mode de les constater.*

ART. 34. Indépendamment du droit conféré aux officiers de police judiciaire par le Code d'instruction criminelle, les vérificateurs constatent les contraventions prévues par les lois et règlements concernant les poids et mesures, dans l'étendue de l'arrondissement pour lequel ils sont commissionnés et assermentés.

Ils sont tenus de justifier de leur commission aux assujettis qui le requièrent.

Leurs procès-verbaux font foi en justice jusqu'à preuve contraire, conformément à l'article 7 de la loi du 4 juillet 1837.

ART. 35. Les vérificateurs saisissent tous les poids et mesures autres que ceux maintenus par la loi du 4 juillet 1837.

Ils saisissent également tous les poids, mesures, instruments de pesage et mesurage altérés ou défectueux, ou qui ne seraient pas revêtus des marques légales de la vérification.

Ils déposent à la mairie les objets saisis, toutes les fois que cela est possible.

Art. 36. Ils doivent recueillir et relater les circonstances qui ont accompagné soit la possession, soit l'usage des poids ou des mesures dont l'emploi est interdit.

Art. 37. S'ils trouvent des mesures qui, par leur état d'oxydation, puissent nuire à la santé des citoyens, ils en donnent avis aux maires et aux commissaires de police.

Art. 38. Les assujettis sont tenus d'ouvrir leurs magasins, boutiques et ateliers, et de ne pas quitter leur domicile, après que, par un ban publié dans la forme ordinaire, le maire aura fait connaître, au moins deux jours à l'avance, le jour de la vérification.

Ils sont tenus de se prêter aux exercices toutes les fois qu'ont lieu les visites prévues par les articles 19 et 20.

Art. 39. Dans le cas de refus d'exercice, et toutes les fois que les vérificateurs procèdent chez les débitants, avant le lever et après le coucher du soleil, aux visites autorisées par l'article 26, ils ne peuvent s'introduire dans les maisons, bâtiments ou magasins, qu'en présence, soit du juge de paix ou de son suppléant, soit du maire, de l'adjoint ou du commissaire de police.

Art. 40. Les fonctionnaires dénommés en l'article précédent ne peuvent se refuser à accompagner sur-le-champ les vérificateurs, lorsqu'ils en sont requis par eux; et les procès-verbaux qui sont dressés, s'il y a lieu, sont signés par l'officier en présence duquel ils ont été faits, sauf aux vérificateurs, en cas de refus, d'en faire mention auxdits procès-verbaux.

Art. 41. Les vérificateurs dressent leurs procès-verbaux dans les vingt-quatre heures de la contravention par eux constatée. Ils les écrivent eux-mêmes; ils les signent et affirment au plus tard le lendemain de la clôture desdits procès-verbaux, par-devant le maire ou l'adjoint, soit de la commune de leur résidence, soit de celle où l'infraction a été commise; l'affirmation est signée tant par les maires et adjoints que par les vérificateurs.

Art. 42. Leurs procès-verbaux sont enregistrés dans les quinze jours qui suivent celui de l'affirmation; et, conformément à l'article 74 de la loi du 25 mars 1817, ils sont visés pour timbre et enregistrés en débet, sauf à suivre le recouvrement des droits contre les condamnés.

Art. 43. Dans le même délai, ces procès-verbaux sont remis au juge de paix, qui se conforme aux règles établies par les articles 20, 21 et 139 du Code d'instruction criminelle.

Art. 44. Les vérificateurs des poids et mesures sont sous la surveillance des procureurs du Roi, sans préjudice de leur subordination à l'égard de leurs supérieurs dans l'administration.

Art. 45. Si des affiches ou annonces contiennent des dénominations de poids et mesures autres que celles portées dans le tableau annexé à la loi du 4 juillet 1837, les maires, adjoints et commissaires de police sont tenus de constater cette contravention, et d'envoyer immédiatement leurs procès-verbaux au receveur de l'enregistrement.

Les vérificateurs et tous autres agents de l'autorité publique sont tenus également de signaler au même fonctionnaire toutes les contraventions de ce genre qu'ils pourront découvrir.

Les receveurs d'enregistrement, soit d'office, soit d'après ces dénonciations, soit sur la transmission qui leur est faite des procès-verbaux ou rapports, dirigent contre les contrevenants les poursuites prescrites par l'article 5 de la loi précitée.

Titre V. — *Des droits de vérification.*

Art. 46. La vérification première des poids, mesures et instruments de pesage, est faite gratuitement.

Il en est de même pour les poids, mesures et instruments de pesage rajustés, qui sont soumis à une nouvelle vérification.

Art. 47. Les droits de vérification périodique seront provisoirement perçus conformément au tarif annexé à l'ordonnance du 18 décembre 1825, modifié par celles du 21 décembre 1832 et du 18 mai 1838.

Art. 48. La vérification périodique des poids, mesures et instruments de pesage appartenant aux établissements publics désignés par l'article 24, est faite gratuitement.

Il en est de même pour les poids, mesures et instruments de pesage présentés volontairement à la vérification par des individus non assujettis.

Art. 49. Les droits de la vérification périodique sont payés pour les poids et mesures formant l'assortiment obligatoire de chaque assujetti, et pour les instruments de pesage sujets à la vérification.

Les poids et mesures excédant l'assortiment obligatoire sont vérifiés et poinçonnés gratuitement.

Art. 50. Les états-matrices des rôles sont dressés par les vérificateurs des poids et mesures, d'après le résultat des opérations, qui doivent être consommées avant le 1er août.

Ces états sont remis aux directeurs des contributions directes à mesure que les opérations sont terminées dans les communes dépendant de la même perception, et, au plus tard, le 1er août de chaque année.

Art. 51. Les directeurs des contributions directes, après avoir vérifié et arrêté les états-matrices mentionnés à l'article précédent, procèdent à la confection des rôles, lesquels sont rendus exécutoires par le Préfet, pour être mis immédiatement en recouvrement par les mêmes voies et avec les mêmes termes de recours, en cas de réclamation, que pour les contributions directes.

Art. 52. Avant la fin de chaque année, il sera

dressé et publié des rôles supplémentaires pour les opérations qui, à raison de circonstances particulières, n'auraient pu être faites que postérieurement au délai fixé par l'article 50.

Art. 53. La perception des droits de vérification est faite par les agents du trésor public.

Le montant intégral des rôles est exigible dans la quinzaine de leur publication.

L'article 3 de l'ordonnance du 21 décembre 1832 continuera à être exécuté.

Art. 54. Les remises auxquelles ont droit les agents du trésor pour le recouvrement des contributions, ainsi que les allocations revenant aux directeurs des contributions directes pour les frais de confection des rôles, sont réglées par notre ministre secrétaire d'Etat des finances.

Titre VI. — *Dispositions générales.*

Art. 55. Les contraventions aux arrêtés des préfets, à ceux des maires et à la présente ordonnance, sont poursuivies conformément aux lois.

Art. 56. Sont abrogés les proclamations et arrêtés des 27 pluviôse an VI, 19 germinal, 28 messidor et 11 thermidor an VII ; l'arrêté du 7 floréal an VIII ; les arrêtés des 13 brumaire et 29 prairial an IX, et les ordonnances royales des 18 décembre 1825, 7 juin 1826, 21 décembre 1832 et 18 mai 1838, sauf les dispositions des ordonnances des 18 décembre 1825, 21 décembre 1832, et 18 mai 1838, rappelées aux articles 47 et 53 de la présente ordonnance.

Tous arrêtés ministériels pris en vertu du décret du 12 février 1812 cesseront de recevoir leur exécution au 1er janvier 1840.

XVIII.

Observations.

Ces dispositions législatives ne sont pas les seules qui aient paru sur cette importante matière. M. Dalloz, dans son savant traité de jurisprudence générale, ne donne pas l'analyse ou le texte de moins de 56 décrets, lois, arrêtés et ordonnances ayant paru du 15 mars 1790 au 15 juillet 1853; et, selon M. J. Béranger, depuis le 15 mars 1790, jusqu'en 1840, on dut édicter 73 actes de cette nature, sans compter environ 250 instructions ministérielles.

Les préjugés qui plaidaient en faveur des anciens systèmes, étaient trop nombreux et trop anciens pour disparaître avec toute la rapidité désirable. Aussi le législateur dut-il, bien des fois, céder à l'empire d'habitudes invétérées. Le décret de 1812, entre autres, nous en fournit un exemple. De là ce nombre prodigieux de documents officiels pour opérer l'introduction du nouveau système décimal au sein des masses.

Si nous nous bornons ici à la transcription de ceux qui précèdent, c'est que nous pensons que, combinés à ceux que nous reproduirons plus loin, ils donneront une idée assez exacte de la constitution du système métrique français, et devront, dans la généralité des cas, suffire aussi bien au public dans l'exercice de ses droits qu'aux assujettis dans l'accomplissement de leurs devoirs.

Le plan de cet ouvrage ne permettait pas, d'ailleurs, de donner les textes entiers de tous ces documents législatifs, dont le plus grand nombre est abrogé par le fait, et n'a plus d'application possible à cause des lois nouvelles.

TROISIÈME PARTIE.

THÉORIE.

XIX.

Mesures linéaires.

Le Mètre.

Le *mètre* est l'unité linéaire. C'est la dix-millionième partie du quart du méridien terrestre (1).

Les multiples ou composés du mètre sont : le *décamètre*, qui vaut 10 mètres ; l'*hectomètre*, qui vaut 100 mètres ; le *kilomètre*, qui vaut 1000 mètres ; et le *myriamètre*, qui vaut 10,000 mètres.

Les sous-multiples du mètre sont : le *décimètre*, qui est la dixième partie du mètre ; le *centimètre*, qui est la centième partie du mètre, et le *millimètre*, qui en est la millième partie.

Les mesures linéaires se divisent en mesures *linéaires* proprement dites et en mesures *itinéraires*. Ces mesures diffèrent les unes des autres en ce que

(1) Bien que le quart du méridien ne soit pas une fraction décimale du méridien entier, on a dû ici faire exception à la règle qui a présidé d'un bout à l'autre à la formation du système dont nous nous occupons, parce que les opérations aussi bien que les observations astronomiques ne se font que par quart de cercle, ou cadran; parce qu'aussi, et d'ailleurs, c'est le quart de la circonférence qui sert de mesure à l'angle droit, unité de mesure dans la division du cercle. Du reste, en prenant pour unité linéaire la dix-millionième partie du quart du méridien terrestre, on ne pouvait faire un choix plus heureux. Le mètre est, en effet, d'une longueur qu'on se représente facilement à l'esprit, à cause des rapports simples qu'il a avec les habitudes de l'homme. C'est à peu de chose près le bâton sur lequel s'appuie le voyageur. C'est le grand pas de l'arpenteur. Trois pas des soldats font deux mètres. Dix mains placés les unes à côté des autres équivalent en largeur à la longueur du mètre. La longueur du mètre répond aussi assez exactement à celle de l'épée de l'officier, à la lame de sabre du cuirassier.

les dernières étant destinées à la mesure de distances très-étendues, il a fallu prendre pour unité un multiple 100, ou 1000, ou 10,000 fois plus grand que le mètre. Ainsi, la longueur d'une étoffe, la hauteur d'un mur, s'évaluent en mètres; tandis que la distance d'un lieu à un autre s'exprime ou par hectomètres, ou par kilomètres, ou par myriamètres.

XX.

Mesures de surface.

Le Mètre carré.

Le *mètre carré* est l'unité des petites surfaces; c'est un carré dont chaque côté a un mètre.

Le mètre carré vaut 100 décimètres carrés. En effet, en supposant qu'un carré ait un mètre ou 10 décimètres de côté, on pourra ranger sur un des côtés, sur le côté inférieur, par exemple, 10 carrés d'un décimètre de côté ; mais cette rangée n'atteindra que le dixième de la hauteur du carré ; on pourra donc avoir 10 rangées égales à la première, et, par conséquent, le mètre carré renfermera 10 × 10 ou 100 décimètres carrés.

On prouverait de même que le décimètre carré vaut 100 centimètres carrés, et que le centimètre carré vaut 100 millimètres carrés ; et pareillement, que le décamètre carré vaut 100 mètres carrés, que l'hectomètre carré vaut 100 décamètres carrés, etc.

L'Are.

L'*are* est l'unité des grandes surfaces. C'est un décamètre carré.

Le seul multiple de l'are est l'*hectare*, qui vaut 100 ares.

Le seul sous-multiple est le *centiare*, qui en est la centième partie (1).

XXI.

Mesures de solidité.

Le Mètre cube.

Le *mètre cube* est l'unité de solidité ; c'est un cube dont chaque côté a un mètre.

Le mètre cube vaut 1000 décimètres cubes. En effet, pour le prouver, supposons une grande boîte cubique creuse, d'un mètre de côté, qui sera un mètre cube ; le fond de cette boîte sera un mètre carré, que nous pourrons partager en 100 décimètres carrés. Nous pourrons donc imaginer 100 petits décimètres cubes occupant le fond de la boîte, chacun d'eux coïncidant par une de ses faces avec chacun des décimètres carrés du fond. Mais cette couche de 100 décimètres cubes n'occupera que la dixième partie de la hauteur de la boîte ; nous pourrons donc en placer 10 couches semblables les unes au-dessus des autres, et alors la boîte, entièrement remplie, contiendra 100 × 10 ou 1000 décimètres cubes.

On ferait voir de même que le décimètre cube vaut 1000 centimètres cubes, et que le centimètre cube vaut 1000 millimètres cubes.

(1) On demandera peut-être pourquoi il n'y a pas de *déciare* et de *décare ?* Il suffira de faire remarquer qu'on a assujetti à l'ordre décimal la longueur du côté des carrés, c'est-à-dire que les côtés des carrés sont de 1 mètre, de 10 mètres et de 100 mètres ; il en résulte que les surfaces des carrés correspondants sont de 1 mètre carré, 100 mètres carrés, 10,000 mètres carrés, et suivent, par conséquent, une progression de cent en cent fois plus grande, qui empêche qu'il n'y ait des *déciares* et des *décares*.

Si, au contraire, on eût assujetti les surfaces à l'ordre décimal, les côtés des surfaces de 10 mètres carrés et de 1,000 mètres carrés n'auraient pas été exprimés en nombre décimaux exacts, et, de plus, il aurait fallu faire une extraction de racine carrée pour les obtenir.

Le Stère.

Le *stère* est l'unité de solidité pour les bois de chauffage et de construction. C'est un mètre cube.

Le seul multiple du stère est le *décastère*, qui vaut 10 stères.

Son seul sous-multiple est le *décistère*, qui en est la dixième partie.

XXII.

Mesures de capacité.

Le Litre.

Le *litre* est l'unité de capacité ou de contenance. C'est un décimètre cube (1).

Les multiples du litre sont : le *décalitre*, qui vaut 10 litres; l'*hectolitre*, qui vaut 100 litres, et le *kilolitre*, qui vaut 1000 litres.

Les sous-multiples du litre sont ; le *décilitre*, qui est la dixième partie du litre, et le *centilitre*, qui en est la centième partie.

XXIII.

Mesures de poids.

Le Gramme.

Le *gramme* est l'unité de poids ; c'est le poids d'un centimètre cube d'eau distillée, pesée dans le

(1) Pour se faire une idée exacte du litre, il faut se figurer un vase quelconque, parfaitement cubique, qui ait pour dimensions intérieures un décimètre de longueur, un décimètre de largeur et un décimètre de profondeur; il est évident qu'en remplissant ce vase d'un liquide ou de matières sèches, on obtient un décimètre cube ou le contenu d'un litre.

vide et à la température de 4 degrés du thermomètre centigrade (1).

Les multiples du gramme sont : le *décagramme*, qui vaut 10 grammes; l'*hectogramme*, qui vaut 100 grammes, et le *kilogramme*, qui vaut 1000 grammes.

Le kilogramme a de plus pour composés le *quintal métrique*, qui vaut 100 kilogrammes, et le *tonneau de mer*, qui vaut 1000 kilogrammes.

Les sous-multiples du gramme sont : le *décigramme*, qui est la dixième partie du gramme; le

(1) Je dis dans le *vide* et à la température de quatre degrés : ces deux points ont besoin de quelques éclaircissements.

En premier lieu, le résultat des pressions que l'air exerce dans tous les sens sur la surface d'un corps, a pour effet de diminuer le poids de ce corps d'une quantité égale au poids du volume d'air déplacé par le corps dont il s'agit. Cette quantité varie donc nécessairement avec l'état même de l'air; et le même corps, pesé à des instants différents, n'a pas toujours le même poids, parce que l'air ne le soutient pas également. D'après cela, si l'on retire l'air qui environne un corps, c'est-à-dire si l'on fait le vide autour de lui, son poids augmentera, parce qu'il ne sera plus diminué par la pression de l'air; mais, en même temps, il sera devenu indépendant des variations de l'atmosphère.

En second lieu, les molécules des corps sont à des distances qui varient avec la température : la chaleur les écarte, et le froid les rapproche; de sorte que, selon les diverses températures, une même capacité, par exemple un centimètre cube, contiendra des quantités d'eau plus ou moins grandes et pèsera plus ou moins. Donc, si l'on veut qu'un décimètre cube d'eau ait constamment le même poids, il faut le prendre toujours à la même température.

On a choisi celle de quatre degrés, parce que (et c'est une propriété bien remarquable de l'eau) le rapprochement qui se produit entre ses molécules à mesure qu'elle se refroidit, cesse d'avoir lieu à cette température, et se change en écartement.

On voit maintenant pourquoi, quand nous disons que le gramme pèse autant qu'un centimètre cube d'eau, il faut ajouter qu'il s'agit d'une pesée dans le vide et à quatre degrés du thermomètre centigrade.

Mais les expériences des savants français chargés de déterminer la pesanteur de l'unité de poids ont été faites sur un décimètre cube d'eau, et non sur un centimètre cube. L'étalon en platine, métal le plus dense qui existe, conservé aux archives nationales avec l'étalon du mètre, est le kilogramme, poids d'un décimètre cube d'eau pesée dans le vide et ramenée à son maximum de densité. La millième partie de ce poids est le gramme, qu'on a pris pour unité de pesanteur.

Les personnes qui possèdent les principes de la physique, peuvent seules comprendre l'importance et la difficulté des expériences par lesquelles les physiciens ont pu faire construire ce poids étalon de platine, d'après les conditions que nous venons

centigramme, qui est la centième partie du gramme, et le *milligramme*, qui en est la millième partie (1).

XXIV.

Monnaies.

Le Franc.

Le *franc* est l'unité monétaire ; c'est une pièce d'argent du poids de 5 grammes, alliée d'un dixième de cuivre.

Le franc n'a que des sous-multiples, qui sont : le *décime*, qui est la dixième partie du franc, et le *centime*, qui en est la centième partie.

de déterminer. Les *physiciens* qui ont exécuté ces travaux, n'ont pas moins mérité de leurs concitoyens que les *astronomes* qui ont fixé la longueur du mètre.

(1) On avait d'abord eu l'idée de prendre pour *unité de poids* le poids d'un décimètre cube d'eau distillée, parce que ce poids, qui correspond au *kilogramme* actuel, était très-propre à remplacer l'unité ancienne, dont il est à peu près le double, et on lui avait donné le nom de *grave*; mais on ne tarda pas à reconnaître les inconvénients suivants : 1° Les multiples du grave étaient le *décagrave*, l'*hectograve*, le *kilograve* et le *myriagrave*; or, le poids d'un décagrave étant égal à celui de dix kilogrammes d'aujourd'hui, les autres multiples se trouvaient de beaucoup supérieurs aux poids employés dans les arts et le commerce. 2° Les sous-multiples étaient le *décigrave*, le *centigrave* et le *milligrave*. Comme ce dernier poids n'est autre chose que le *gramme*, il est de beaucoup supérieur à ceux qu'on emploie dans les pesées un peu délicates; en sorte qu'on avait été obligé d'établir de nouvelles subdivisions, telles que le *dix-milligrave*, le *cent-milligrave*, et le *millionnigrave*. A la vérité, les savants avaient affecté un nom particulier au milligrave, et en avait formé une unité secondaire appelée *gravet*, d'où ils avait déduit le *décigravet*, le *centigravet*, et le *milligravet*. La régularité de la nomenclature se trouvait ainsi détruite. La nouvelle n'offre plus les mêmes inconvénients, et elle comprend tous les poids dont on se sert ordinairement.

XXV.

Tableau résumé.

Unités.	MÈTRE. — UNITÉ de Longueur.	ARE. — UNITÉ de Surface.	STÈRE. — UNITÉ de Solidité.	LITRE. — UNITÉ de Capacité.	GRAMME. — UNITÉ de Poids.	FRANC. — UNITÉ Monétaire.
Définitions.	C'est la dix-millionième partie du quart du méridien terrestre.	C'est un carré de 10 mètres de côté. Il contient 100 mèt. carrés.	C'est un mètre cube.	C'est un décimètre cube.	C'est le poids d'un centim. cube d'eau distillée.	C'est une pièce d'argent du poids de 5 grammes, alliée d'un dixième de cuivre.
Multiples.	Déca...... 10 m. Hecto..... 100 Kilo...... 1000 Myria..... 10000	.... 100 ares.	... 10 stères.	... 10 litres. .. 100 » .. 1000 »	... 10 gram. .. 100 » .. 1000 »	....
S.-multip.	Déci.... 0,1 de m. Centi.... 0,01 » Milli.... 0,001 »	.... 0.01 d'are.	.. 0,1 de stère.	.. 0,1 de lit. .. 0,01 »	.. 0,1 de gr. .. 0,01 » .. 0,001 »	.. 0,1 de fr. .. 0,01 » ....

Telle est la théorie sur laquelle repose ce système, qui fait l'admiration de tous les hommes compétents en la matière. Il ne faudrait pas croire cependant qu'il fut porté dès l'origine à ce degré de simplicité et de perfection. On rencontra effectivement des difficultés de plus d'un genre, notamment dans la fixation des unités principales. L'embarras naissait surtout de la préoccupation qu'on avait de concilier le nouveau système avec l'ancien. Néanmoins, après plusieurs années d'études et d'essais, les idées finirent par se fixer. Dès lors, la loi du 18 germinal, mettant fin aux indécisions, est venue, en dernier ressort, constituer le système métrique sur les bases que nous venons de développer. Il n'était pas possible d'en faire reposer la nomenclature sur des principes plus élémentaires, plus conformes à la numération ordinaire, et, par suite, plus susceptibles de toutes les applications du calcul décimal.

XXVI.

Observations.

Comme on le voit, la nomenclature des mesures métriques est formée par la combinaison de *treize* mots entre eux. Ce sont :

1° Les noms des unités principales, au nombre de *six*, savoir :

Mètre, qui signifie mesure, et déjà connu en français sous cette acception (géomètre, thermomètre);

Are, qui signifie surface et rappelle *arpent*;

Stère, qui signifie solide, et déjà employé avec cette acception dans notre langue (stéréométrie, stéréotypie) ;

Litre, qui dérive de *litron*, nom d'une ancienne mesure de Paris, ayant à peu près la même contenance que le litre ;

Gramme, nom grec du poids que les Romains appelaient *scrupule*, et dont notre gramme ne diffère que très-peu ;

Franc, nom qui servait déjà, aussi bien que celui de *livre tournois*, à désigner l'unité monétaire;

2° *Quatre* mots grecs : *déca*, qui signifie 10 ; *hecto*, qui signifie 100 ; *kilo*, qui signifie 1000, et *myria*, qui signifie 10,000, et servant, avec les noms des unités principales, à la composition de leurs multiples respectifs.

3° Enfin, *trois* mots latins : *déci*, *centi*, et *milli*, signifiant respectivement dixième, centième et millième, et concourant, avec les noms des unités principales, à la formation de ceux de leurs sous-multiples.

Les sous-multiples du franc s'écartent de la loi générale de formation, en ce sens qu'au lieu de dire *décifranc*, *centifranc*, on dit : *décime* et *centime*.

Pour cause d'euphonie, on dit aussi *hectare* pour *hectoare*.

Les dénominations de *quintal métrique* et de *tonneau de mer* n'ont aucune relation avec les principes sur lesquels est basée la nomenclature que nous venons d'exposer. L'autorisation d'en faire usage dans les transactions commerciales doit être considérée comme une concession à d'impérieuses habitudes.

Les besoins du commerce, de l'industrie et des arts n'ont pas nécessité l'adoption de multiples et de sous-multiples autres que ceux qui figurent dans le tableau ci-dessus. Encore en est-il, parmi ceux-ci, que l'usage n'a que médiocrement consacrés. Tels sont : le *décastère*, le *décistère*, le *kilolitre* et le *myriagramme*. Ces expressions doivent être peu regrettées, car elles ne nous paraissent pas d'une bien grande utilité. Il est d'ailleurs aussi simple de prononcer 10 *stères*, un *dixième de stère*, ou 10 *centièmes de stère*, 10 *hectolitres* et 10 *kilogrammes*.

Le mot *décamètre* n'est guère usité qu'appliqué

à la *chaîne d'arpenteur*. On ne parle pas non plus de l'*hectomètre*, rarement ailleurs que sur les routes, où les distances de cette longueur sont indiquées au moyen de petites bornes numérotées. Quant à l'expression *décime*, elle n'est d'usage que dans certains services financiers, pour désigner la valeur exigée en sus d'un droit primitif sur lequel cette valeur se perçoit.

Au reste, nous verrons dans la partie pratique de cet ouvrage quelles sont les mesures, tant simples que composées ou fractionnaires, que, suivant les cas, on prend pour unités dans l'évaluation des dimensions des corps, ainsi que du poids et de la valeur commerciale des denrées.

QUATRIÈME PARTIE.

RÉGLEMENTATION.

XXVII.

Considérations générales.

Conformément à la disposition de la loi du 18 germinal an III, chacune des unités principales des poids et mesures, ainsi que chacun de leurs multiples et sous-multiples, a son double et sa moitié. Mais, parmi toutes ces mesures, les unes, n'existant que de nom, bien qu'elles puissent facilement se réaliser ou se concevoir, sont dites, pour cela, *mesures fictives* ; les autres, existant réellement et ayant dans le commerce une valeur matériellement exprimée, ont été nommées *mesures effectives*. Le demi-hectogramme, le double décalitre, par exemple, sont des mesures effectives, tandis que l'hectomètre, le double décistère ne sont que des mesures fictives.

Rendue en exécution de l'article 12 de l'ordonnance du 17 avril 1839, l'ordonnance du 16 juin suivant a *réglementé* de la manière la plus claire et la plus précise la forme, les dimensions et la matière des mesures effectives. Faisant ainsi connaître les conditions de leur fabrication, cette ordonnance a fixé, pour chaque genre, la série des seules mesures ou des seuls poids parmi lesquels le marchand, en raison de sa profession ou de son industrie, puisse chercher ceux qui conviennent tant à la nature qu'à l'importance de ses opérations. Il importe donc que tout le monde ait connaissance des principales prescriptions qu'elle renferme, ainsi que des modifications les plus remarquables dont elle a été l'objet depuis sa publication jusqu'à ce jour. Nous la donnerons donc textuellement après avoir complété ces considérations générales.

Les conditions de la fabrication des poids et mesures doivent être soigneusement posées, parce que, d'une part, suivant les témoignages de la science et de l'expérience, l'exactitude des instruments en dépend, et que, d'autre part, les vérificateurs, chargés d'apposer les poinçons de la garantie publique, ont à recevoir des directions certaines, qui, en excluant l'arbitraire, déterminent ce qu'ils doivent admettre à la vérification ou ce qu'ils doivent en repousser.

Aussi de telles conditions ont-elles toujours été imposées par l'autorité, suivant le droit qu'en a établi la loi du 18 germinal an III. Elle avait confié ce droit à une agence des poids et mesures, qu'elle avait temporairement créée. Une autre loi du 24 pluviôse an IV, supprimant l'agence, en fit passer les attributions au ministère. En possession de ce pouvoir, l'agence et les ministres en ont usé; mais jamais ils n'y avaient employé que la voie des instructions et des circulaires. En 1839, il a paru convenable qu'une telle autorité remontât au chef de l'Etat, et s'exerçât par des règlements d'administration publique.

Celui dont nous nous occupons n'est rien venu ordonner de nouveau. Les détails techniques qu'il consacre sont puisés dans les instructions antérieures restées obligatoires et seulement révisées. Les formes qui y sont déterminées sont prescrites depuis l'an III. Elles ont toujours été suivies pour les mesures. Un arrêté consulaire du 7 floréal an VIII, avait dispensé les poids de l'uniformité; mais on a fait peu d'usage de cette liberté. Elle avait été l'occasion de quelques fraudes. Des poids vides trompaient la vue de l'acheteur par l'apparence de leur volume. Les préfets de police, à différentes époques, le désir des fabricants et le vœu des commissions qu'on a consultées, ont porté à revenir, pour les poids, comme pour les mesures, aux modèles de l'an III, presque universellement employés.

Mais le commerce n'a point eu à sacrifier immédiatement à cette uniformité les instruments qu'il avait entre les mains, si, sans être conformes aux modèles, ils correspondaient aux divisions décimales légalement admises, et ne portaient aucun caractère qui les rendît incompatibles avec les dispositions de la loi du 4 juillet 1837. Ces instruments continuent à être admis à la vérification périodique tant qu'ils conservent l'exactitude requise. Ils peuvent même être rajustés, toutefois sans pouvoir être remontés à neuf; ainsi ont été conciliés les ménagements dus à l'existence d'un matériel considérable et le soin de tendre à une régulière uniformité.

XXVIII.

Ordonnance du 16 juin 1839.

Art. 1er. A dater du 1er janvier 1840, les poids, mesures et instruments de pesage et de mesurage ne seront reçus à la vérification première qu'autant qu'ils réuniront les conditions d'admission indiquées dans les tableaux annexés à la présente ordonnance.

Art. 2. Les poids, mesures et instruments de pesage portant la marque de vérification première, et qui réuniront d'ailleurs les conditions exigées jusqu'ici, seront admis à la vérification périodique, *savoir :*

Les mesures décimales de longueur, après qu'on aura fait disparaître les divisions et les noms relatifs aux anciennes dénominations;

Les mesures décimales pour les matières sèches, quelle que soit l'espèce de bois dont elles seront construites.

Les mesures décimales en étain, quel que soit leur poids.

Les poids décimaux en fer et en cuivre, quelle

que soit leur forme, après qu'on aura fait disparaître l'indication relative aux anciennes dénominations, et pourvu qu'ils portent, sur la surface supérieure, les noms qui leur sont propres.

Les poids décimaux en fer et en cuivre, portant uniquement leurs noms exprimés en myriagrammes, kilogrammes, hectogrammes ou décagrammes.

Les poids décimaux à l'usage des balances-bascules, pourvu qu'ils ne portent pas d'autre indication que celle de leur valeur réelle;

Enfin les romaines, dont on aura fait disparaître les anciennes divisions et dénominations, pourvu qu'elles soient graduées en divisions décimales, et reconnues oscillantes.

Les poids et mesures décimaux placés dans une des catégories qui précèdent ne pourront être conservés par les assujettis qu'autant qu'ils auront subi, avant l'époque de la vérification périodique de l'année 1840, les modifications exigées; ces poids et mesures pourront être rajustés, mais ils ne devront pas être remontés à neuf.

Atr. 3. Tous les poids et mesures autres que ceux qui sont provisoirement permis par l'article 2 de la présente ordonnance, seront mis hors de service à partir du 1er janvier 1840.

Art. 4. Il sera déposé dans tous les bureaux de vérification des modèles ou des dessins des poids et mesures légalement autorisés, pour être communiqués à tous ceux qui voudront en prendre connaissance.

XXIX.

N° 1. — *Mesures de longueur.*

Double décamètre.
Décamètre.
Demi-décamètre.
Double mètre.

Mètre.
Demi mètre.
Double décimètre.
Décimètre.

Ces mesures devront être construites en métal, en bois ou autre matière solide.

Elles pourront être établies dans la forme qui conviendra le mieux aux usages auxquels elles sont destinées.

Indépendamment des mesures d'une seule pièce, il est permis de faire des mesures brisées, pourvu que le nombre de leurs parties soit deux, cinq ou dix.

Les mesures devront être construites avec solidité.

Des garnitures en métal devront être adaptées aux extrémités des mesures en bois du mètre, de son double et de sa moitié.

Les divisions en centimètres ou millimètres devront être exactes, déliées et d'équerre avec la longueur de la mesure.

Le nom propre à chaque mesure sera gravé sur la face supérieure de la mesure, qui devra porter aussi le nom ou la marque du fabricant.

Le décamètre, son double et sa moitié, construits en forme de chaîne, devront avoir des chaînons d'une force suffisante et de la longueur de 2 ou 5 décimètres ; les anneaux à chaque mètre seront exécutés avec un métal d'une couleur différente de celui employé pour les autres anneaux.

XXX.

N° 2. — *Mesures de capacité pour les matières sèches.*

Hectolitre.
Demi hectolitre.
Double décalitre.
Décalitre.

Demi décalitre.
Double litre.
Litre.
Demi litre.
Double décilitre.
Décilitre.
Demi décilitre.

Les mesures de capacité pour les matières sèches devront être construites dans la forme cylindrique, et auront intérieurement le diamètre égal à la hauteur.

Les mesures en bois ne pourront être faites qu'en bois de chêne; elles devront être établies avec solidité dans toutes leurs parties.

Pour les mesures qui seront garnies intérieurement de potences ou autres corps saillants, la hauteur sera augmentée proportionnellement au volume de ces objets.

Les mesures en bois devront être formées d'une éclisse ou feuille courbée sur elle-même, et fixée par des clous.

Toutes les mesures en bois devront être garnies à la partie supérieure d'une bordure en tôle rabattue.

Les mesures, depuis et compris le double décalitre jusqu'à l'hectolitre, devront en outre être ferrées : on pourra, suivant l'usage auquel elles sont destinées, y adapter des pieds fixés avec boulons et écrous.

Les mesures en bois de plus petite dimension pourront être garnies de bandes latérales en tôle.

On pourra fabriquer des mesures pour les matières sèches, en cuivre ou en tôle, pourvu qu'elles soient établies avec solidité et dans la forme ci-dessus prescrite.

Chaque mesure doit porter le nom qui lui est propre: le nom ou la marque du fabricant sera appliqué sur le fond de la mesure.

XXXI.

N° 3. — *Mesures de capacité pour les liquides.*

Les noms et la forme affectés aux mesures de capacité pour les matières sèches, dans le tableau n° 2, serviront de règle pour la construction des mêmes mesures employées pour les liquides, depuis l'hectolitre jusqu'au demi-décalitre inclusivement. Elles pourront être établies en cuivre, tôle ou fonte, mais sous la réserve expresse de prévenir, par l'étamage ou autre procédé analogue, toute altération ou oxydation de nature à présenter des dangers dans l'usage de ces sortes de mesures.

Les mesures du double litre et au-dessous devront être construites exclusivement en étain, et auront intérieurement la hauteur double du diamètre. Elles auront le poids déterminé ci-après, comme minimum obligatoire pour chacune des espèces de mesures.

NOMS DES MESURES.	POIDS DES MESURES (EN GRAMMES.)		
	sans anses ni couvercles.	avec anses sans couvercles.	avec anses et couvercles.
Double litre....	1,350	1,700	2,200
Litre.....	900	1,100	1,350
Demi litre......	525	650	820
Double décilitre..	280	335	420
Décilitre .	145	180	240
Demi décilitre..	85	110	140
Double centilitre	45	60	85
Centilitre	25	35	50

Le titre de l'étain employé pour la fabrication des mesures reste fixé à 83 centièmes 5 millièmes, avec une tolérance de 1 centième 5 millièmes; ainsi, le métal dont les mesures seront fabriquées, ne doit pas contenir moins de 82 centièmes d'étain pur, et plus de 18 centièmes d'alliage.

Ces mesures devront conserver intérieurement, et sur le bord supérieur, la venue du moule; elles devront être sans soufflures ni autres imperfections.

Le nom propre à chaque mesure devra être inscrit sur le corps de la mesure. Le nom ou la marque du fabricant devra être apposé sur le fond.

On pourra construire des mesures en fer-blanc depuis le double litre jusqu'au décilitre; mais ces sortes de mesures, exclusivement réservées *pour le lait*, devront être établies dans la forme cylindrique, ayant le diamètre égal à la hauteur, conformément à ce qui est prescrit dans le tableau n° 2 pour les mesures destinées aux matières sèches: elles seront garnies d'une anse ou d'un crochet également en fer-blanc, et porteront le nom qui leur est propre sur le cercle supérieur rabattu et servant de bordure. On aura soin de placer, pour recevoir les marques de vérification, deux gouttes d'étain aplaties: l'une au bord supérieur, l'autre à la jonction du fond de chaque mesure, qui devra porter aussi le nom ou la marque du fabricant.

XXXII.

N° 4. — *Poids en fer.*

Les poids devront être construits en fonte de fer: leurs noms sont indiqués ci-après, ainsi que la dénomination abréviative, qui devra être inscrite sur chacun d'eux, en caractères lisibles.

NOMS DES POIDS.	ABRÉVIATIONS qui doivent être indiquées sur la SURFACE SUPÉRIEURE.
50 kilogrammes..........	50 kilog.
20 kilogrammes..........	20 kilog.
10 kilogrammes..........	10 kilog.
5 kilogrammes..........	5 kilog.
Double kilogramme..........	2 kilog.
Kilogramme	1 kilog.
Demi kilogramme	1/2 kilog. 5 hectog.
Double hectogramme..........	2 hectog.
Hectogramme..........	1 hectog.
Demi hectogramme..........	1/2 hecto.

Les poids en fer de 50 et de 20 kilogrammes devront être établis en la forme de pyramide tronquée, arrondie sur les angles, et ayant pour base un parallélogramme.

Les autres poids en fer, depuis celui de 10 kilogrammes jusqu'au demi-hectogramme inclusivement, devront être établis en forme de pyramide tronquée, ayant pour base un hexagone régulier.

Les anneaux dont les poids sont garnis devront être placés de manière à ne pas dépasser l'arête des poids.

Chaque anneau devra être en fer forgé, rond et soudé à chaud.

Chaque anneau, attaché par un lacet, devra entrer sans difficulté dans la rainure pratiquée sur le poids pour le recevoir.

Chaque lacet devra être en fer forgé, et construit solidement, tant au sommet qui embrasse l'anneau qu'aux extrémités de ses branches, lesquelles doivent être rabattues et enroulées par dessous, pour retenir le plomb nécessaire à l'ajustage.

Les poids en fer ne doivent présenter à leur surface ni bavures ni soufflures, et la fonte ne doit être ni aigre ni cassante.

Chaque poids doit être garni, aux extrémités du lacet, d'une quantité suffisante de plomb coulé d'un seul jet, destinée à recevoir les empreintes des poinçons de vérification première et périodique, ainsi que la marque du fabricant qui doit y être apposée.

XXXIII.

N° 5. — *Poids en cuivre.*

Les poids en cuivre sont indiqués ci-après, ainsi que la dénomination qui devra être inscrite sur chacun d'eux.

NOMS DES POIDS.	DÉSIGNATIONS qui doivent être appliquées sur la SURFACE SUPÉRIEURE.
20 kilogrammes........	20 kilogrammes.
10 kigrloammes.........	10 kilogrammes.
5 kilogrammes..........	5 kilogrammes.
Double kilogramme..........	2 kilogrammes.
Kilogramme..........	1 kilogramme.
Demi kilogramme..........	500 grammes.
Double hectogramme..........	200 grammes.
Hectogramme..........	100 grammes.
Demi hectogramme..........	50 grammes.
Double décagramme..........	20 gram.
Décagramme..........	10 gram.
Demi décagramme..........	5 gram.
Double gramme..........	2 gram.
Gramme..........	1 gram.
Demi gramme..........	5 décig.
Double décigramme..........	2 décig.
Décigramme..........	1 décig.
Demi décigramme..........	5 centig.
Double centigramme..........	2 C. G.
Centigramme..........	1 C. G.
Demi centigramme..........	5 M. G.
Double milligramme..........	2 M.
Milligramme..........	1 M.

La forme des poids en cuivre, depuis et compris celui de 20 kilogrammes jusqu'au gramme, sera celle d'un cylindre surmonté d'un bouton; la hauteur du cylindre sera égale à son diamètre, pour tous les poids, jusqu'à celui de 5 grammes inclusivement; la hauteur de chaque bouton sera égale à la moitié du diamétre du cylindre qui le supporte. Ces dispositions ne seront pas applicables aux poids d'un et de deux grammes, qui auront le diamètre plus fort que la hauteur.

Les poids, depuis et compris le 5 décigrammes jusqu'au milligramme, se feront avec des lames de laiton mince, coupées carrément.

Les poids en cuivre cylindriques et à bouton pourront être massifs, ou contenir dans leur intérieur une certaine quantité de plomb ; mais ils devront toujours présenter le même volume; ces poids peuvent être faits d'un seul jet ou formés de deux pièces seulement, savoir : le cylindre et le bouton ; mais, dans ce dernier cas, le bouton devra être monté à vis sur le corps du poids, et fixé invariablement par une cheville, ou petite vis, à fleur de la surface. Cette cheville sera en cuivre rouge, afin de la distinguer facilement.

On pourra aussi construire des poids en cuivre d'un kilogramme ou d'un de ses sous-multiples, dans la forme de godets coniques, qui s'empilent les uns dans les autres, et se trouvent ainsi renfermés dans une boîte qui est elle-même un poids légal.

La surface des poids en cuivre devra être nette, et ne laisser apercevoir aucun corps étranger qu'on aurait chassé dans le cuivre, ni aucune soufflure qui permettrait d'en introduire.

Les dénominations seront inscrites en creux et en caractères lisibles sur la surface supérieure des poids : chaque poids devra porter le nom ou la marque du fabricant.

XXXIV.

N° 6. — *Instruments de pesage.*

Les instruments de pesage sont :

1° Les balances à bras égaux;

2° Les balances-bascules;

3° Les romaines.

Les balances à bras égaux, désignées sous le nom de balances de magasin ou de comptoir, devront être solidement établies. Les fléaux devront être plus larges qu'épais, principalement au centre, occupé par les couteaux ou pivots qui les traversent perpendiculairement, et dont les arêtes devront former une ligne droite. Les points extrêmes de suspension devront être placés à égale distance de ces couteaux. Les fléaux ne devront pas vaciller dans les chapes. Les balances devront être oscillantes; leur sensibilité demeure fixée à un deux millième du poids d'une portée.

Les balances-bascules devront être oscillantes, et établies de manière à donner, quel que soit le poids dont on charge le tablier, un rapport exact de 1 à 10. Ces instruments, dont la portée ne peut être moindre que 100 kilogrammes, devront être solidement construits. Il ne pourra être employé à leur usage que des poids fabriqués suivant les formes et dénominations prescrites dans le tableau n° 4.

L'indication de la force de chaque balance-bascule sera exprimée en kilogrammes, sur une plaque de cuivre incrustée dans le montant en bois. La sensibilité pour ces sortes d'instruments demeure fixée à un millième du poids d'une portée.

Les romaines devront être solidement construites. Les couteaux auxquels elles sont suspendues devront avoir une arête assez fine pour faciliter les mouvements du fléau; les leviers devront être assez forts pour ne pas fléchir sous le poids curseur qui les accompagne. L'aiguille dont chaque levier est traversé par le haut ne devra pas frotter dans la chape.

Les romaines devront être oscillantes. Toute autre espèce est prohibée.

La sensibilité pour ces instruments demeure fixée à un cinq-centième du poids d'une portée.

Les romaines porteront seulement les divisions décimales représentant les poids légaux. Toute autre division est interdite. Leur portée sera exprimée en kilogrammes sur chacune des faces divisées.

Tout instrument de pesage devra porter le nom ou la marque du fabricant.

XXXV.

N° 7. — *Instruments de mesurage.*

Les membrures qui représentent des mesures de solidité du demi-décastère, du double stère, du stère, et destinées à mesurer le bois de chauffage, seront construites en bon bois; les pièces qui les composent devront être bien dressées et assemblées solidement.

Chaque membrure sera formée d'une sole, de deux montants et de deux contre-fiches; elle doit avoir, de plus, deux sous-traits.

La longueur de la sole, entre les montants, est fixée ainsi qu'il suit,

Savoir :

Demi-décastère .... 3 mètres.
Double-stère.............. 2 —
Stère..................... 1 —

Pour les bois coupés à un mètre de longueur, la hauteur des montants sera :

Demi-décastère . . . 1 mètre 667 millimètres.
Double stère et stère. 1 mètre.

Cette hauteur variera suivant la longueur des bois, de manière à toujours reproduire un solide de un, deux ou cinq mètres cubes.

On pourra construire aussi des membrures de fer du double stère et du stère, pourvu qu'elles réunissent les conditions de justesse et de solidité nécessaires, et qu'elles soient garnies de rondelles adhérentes, en étain ou en plomb, pour faciliter l'application des marques de vérification.

XXXVI.

Additions à l'ordonnance du 16 juin 1839.

Mesures à huile.

En exécution d'une décision ministérielle, faisant suite aux précédentes instructions, on pourra se servir, pour la vente des huiles en détail, de mesures en *fer-blanc*, établies dans la forme prescrite pour les *mesures de lait*, par l'ordonnance du 16 juin 1839.

La série des mesures à huile est composée ainsi qu'il suit :

Litre.
Demi-litre.
Double décilitre.
Décilitre.
Demi-décilitre.
Double centilitre.
Centilitre.

Les mesures destinées à la vente des huiles sont soumises, tant pour leur mode de fabrication que pour leur vérification, aux instructions concernant les mesures pour le lait ; elles devront toutes être garnies d'une anse ; et, de plus, la lettre M devra être estampée sur la face extérieure du corps des mesures pour le service de l'huile à manger ; la lettre B distinguera de la même manière celles qui son destinées à la vente de l'huile à brûler.

Décret du 5 novembre 1852.

Art. 1er. A l'avenir, les bois de noyer ou de hêtre pourront être employés, ainsi que les bois de chêne, pour la fabrication en feuilles ou éclisses, des mesures de capacité destinées au mesurage des matières sèches.

Art. 2. Les mesures de capacité pour les liquides, notamment pour les huiles et l'alcool, pourront être établies en fer-blanc; mais exclusivement avec celui qui est connu dans le commerce sous la dénomination de *cinq*, de *quatre* ou de *trois croix*. Il n'est pas dérogé par ce décret aux dispositions des tableaux et des instructions annexés à l'ordonnance du 16 juin 1839, en ce qui concerne, soit les mesures pour le lait, soit la forme, les dimensions et les autres garanties que doivent présenter les mesures de capacité mentionnées au présent décret.

Décret du 3 octobre 1856.

Art. 1er. A partir de la promulgation du présent décret, le bois de châtaignier pourra être employé, concurremment avec les bois de chêne, de hêtre et de noyer, à la fabrication, en feuilles ou éclisses, des mesures de capacité pour les matières sèches.

Art. 2. Notre ministre secrétaire d'Etat au département de l'Agriculture, du Commerce et des Travaux publics, est chargé de l'exécution du présent décret, qui sera inséré au *Bulletin des lois*.

Décret du 14 *juillet* 1857.

Article 1er. A partir du 1er octobre 1857, l'indication de la portée des balances-bascules qui seront présentées à la vérification première, sera, ou gravée en creux, ou produite en relief dans l'opération de la fonte, sur le plat poli d'une des faces latérales du fléau extérieur.

Art. 2. Notre ministre, etc.

XXXVII.

Observations.

L'article 2 de l'ordonnance du 16 juin 1839 permet

l'usage de certaines mesures et de certains poids établis dans des formes différentes de celles qui sont prescrites par les instructions et tableaux annexés à l'ordonnance. Mais cette faculté laissée au commerce ne doit pas toutefois retarder indéfiniment l'établissement des poids et mesures uniformes; et il est veillé à ce que ceux qui sont mentionnés dans cet article ne soient pas remontés à neuf, afin qu'il y ait obligation de les renouveler successivement par des poids et mesures établis en conformité des tableaux.

« Tous les poids et mesures, » dit l'article 3, « autres que ceux qui sont provisoirement permis par l'article 2 de la présente ordonnance, seront mis hors de service à partir du 1er janvier 1840. » Ceci est applicable non-seulement aux poids et mesures usuels, mais aux poids et mesures qui s'écartent de la nomenclature légale, comme, par exemple, les poids de 25 kilogrammes. Aujourd'hui, la possession d'un poids de cette valeur constituerait donc une contravention.

C'est pour la commodité du commerce qu'on a donné aux mesures de capacité la forme de cylindres, au lieu de celle de cubes.

Toutefois, les dimensions des cylindres, ainsi qu'il résulte de l'examen des tableaux n° 2 et n° 3, ont été déterminées avec des rapports différents, selon que les substances, à la mesure desquelles ils sont destinés, sont ou liquides ou solides. En supposant des vases de même capacité, mais inégaux en diamètre, comme en hauteur, on conçoit que le grain, le sel, etc., peuvent éprouver plus de tassement dans la mesure la plus haute, et, dès lors, y être contenus en plus grande quantité. Tel est, sans doute, le motif pour lequel on a pris le cylindre d'un diamètre égal à la hauteur, pour le mesurage des matières sèches. C'est un moyen de compenser à peu près les erreurs qui résulteraient de l'emploi de cylindres de hauteurs et de diamètrès inégaux; mais ce qu'il y a de certain, c'est que les dimensions des mesures de capacité des deux catégories n'ont pas été fixées au hasard. La solution de cette question doit être attribuée à des motifs résultant de l'expérience et des recherches de la science. D'où il suit qu'un assujetti qui se servirait d'une mesure affectée au service des liquides pour le mesurage des matières sèches, et réciproquement, commettrait une infraction à l'ordonnance du 16 juin 1839.

On remarquera la différence des noms systématiques affectés aux poids en fer et aux poids en cuivre. Les abréviations indiquées par l'ordonnance sont méthodiques et parfaitement régulières, si on les considère abstractivement; reste, cependant, que le peuple doit prêter toute son attention pour comprendre que ces deux poids, dont les dénominations *inscrites* sont différentes, et dont le volume varie nécessairement aussi suivant la densité des métaux, sont identiquement la même chose.

L'assujetti a la faculté d'employer indistinctement des poids en fer ou des poids en cuivre dans ses opérations. Mais il est en contravention dès l'instant que, parmi les instruments dont il dispose, ne se trouve pas renfermé l'assortiment de poids et mesures, tel qu'il est dressé par le préfet de son département, et dont chaque profession, aux termes de l'article 15 de l'ordonnance du 17 avril 1839, est tenue de se pourvoir.

XXXVIII.

Monnaies.

La monnaie est un signe qui représente la valeur, la mesure de tous les objets d'usage, de toutes les denrées commerciales, et est donnée comme le prix de toutes choses.

On prend quelque métal, pour que le signe, la

mesure, le prix soit durable, qu'il s'altère peu par l'usage, et que, sans se détruire, il soit capable de beaucoup de divisions.

Il serait sans doute très-curieux de rechercher :

1° D'où la monnaie reçoit sa valeur ;

2° Si cette valeur est incertaine ou imaginaire ;

3° Si un gouvernement peut faire des changements à la monnaie, et fixer la proportion des différents métaux servant à sa fabrication ;

4° Quelle était la monnaie des peuples anciens ;

5° Comment, et par quelle raison, l'argent a été employé à faire de la monnaie, et a pu être pris pour terme de comparaison dans la fixation de la valeur des monnaies fabriquées avec les autres métaux ;

6° En quoi consistent les lois et règlements constitutifs du système monétaire de notre pays.

Mais ces intéressantes questions n'entrent pas dans le plan de cet ouvrage. Nous ne voulons donc pas en rechercher la solution. Nous avouons, du reste, que ce travail est au-dessus de nos forces. En conséquence, nous nous bornerons ici à exposer purement et simplement les dispositions essentielles du système monétaire français actuel.

On distingue trois sortes de monnaies : les monnaies d'or, les monnaies d'argent et les monnaies de cuivre.

Les monnaies effectives d'or sont :

La pièce de 5 francs, qui pèse 1 gramme 6129;

La pièce de 10 francs, qui pèse 3 grammes 2258;

La pièce de 20 francs, qui pèse 6 grammes 4516.

Il existe encore des pièces d'or de 40 francs ; mais, comme des pièces de cette valeur ne se rattachent pas à la loi décimale, le gouvernement s'occupe de les réformer.

Elles seront remplacées par des pièces de 50 fr. et de 100 fr. Il se fabrique même déjà des pièces de 100 fr., qui, aux termes de l'ordonnance du 8 novembre 1830, sont frappées à la taille de 31 au kilogramme. On sait qu'en terme de monnaie, le mot *taille* est employé pour exprimer la quantité d'espèces que doit produire un poids déterminé.

Suivant la loi, la monnaie d'or a une valeur quinze fois et demie plus grande que celle de la monnaie d'argent à poids égal, et par conséquent un poids quinze fois et demie moindre à valeur égale.

Les pièces effectives d'argent sont :

La pièce de 5 fr., du poids de 25 grammes ;

La pièce de 2 fr., du poids de 10 grammes ;

La pièce de 1 fr., du poids de 5 grammes ;

La pièce de 1/2 fr., ou de 50 centimes, du poids de 2 grammes 50 centigrammes ;

La pièce de 1/5 de fr., ou de 20 centimes, du poids de 1 gramme.

Les pièces en cuivre sont :

La pièce de 10 centimes, pesant 10 grammes ;

La pièce de 5 centimes, pesant 5 grammes ;

La pièce de 2 centimes, pesant 2 grammes ;

La pièce de 1 centime, pesant 1 gramme.

Ainsi, 100 pièces d'un centime en cuivre pèseraient 100 grammes. Or, la pièce d'un franc en argent pèse 5 grammes ; à poids égal, la valeur de la nouvelle monnaie de cuivre vaut donc $\frac{100}{5}$ ou 20 fois moins que celle de la monnaie d'argent.

Toutes ces pièces sont circulaires et d'un diamètre parfaitement déterminé. Ainsi, à ne prendre pour exemple que la monnaie d'argent, le diamètre de la pièce de 5 fr. est de 37 millimètres ; celui de la pièce de 2 fr. est de 27 millimètres; le diamètre de la pièce de 1 fr. en a 23 ; le diamètre de celle de 50 centimes en a 18, et le diamètre de celle de 20 centimes en a 15.

De sorte qu'en plaçant 20 pièces de 2 fr. et 20 pièces de 1 fr. à la suite les unes des autres, on trouve exactement la longueur du mètre.

27 pièces de 5 fr., placées de la même manière, donnent la longueur du mètre, moins un millimètre.

CINQUIÈME PARTIE.

NUMÉRATION.

XXXIX.

Principes généraux.

Pour désigner les nouvelles mesures, on emploie les premières lettres de leurs noms, qu'on a soin d'écrire au-dessus de la virgule qui sépare toujours ces unités de leurs subdivisions ou unités inférieures.— Par exemple, pour indiquer que 34,67 représente des *mètres* et parties de *mètres*, on écrit $34^{m},67$; et, dans le nombre 5^{l}, 28, la lettre *l* marque qu'il renferme des *litres* et des centièmes de *litre*, ou 5 litres 28 centilitres.

Quand il est question d'un multiple ou d'un sous-multiple, on met, devant la lettre initiale du nom de la mesure primitive, les mots *myria*, *kilo*, *hecto* et *déca*, pour les multiples, et les mots *déci*, *centi* et *milli*, pour les sous-multiples. — Ainsi, pour désigner que les nombres 48, 25 et 36 représentent respectivement des *kilogrammes*, des *décamètres* et des *décilitres*, on écrit $48^{\text{kilog.}}$, $25^{\text{décam.}}$ et $36^{\text{décil.}}$— Dans la pratique, on indique souvent qu'un nombre renferme des kilogrammes en le faisant seulement suivre de l'expression k^{os}. — Exemple : 48 k^{os}.

Les multiples des mesures légales étant respectivement des dixaines, des centaines, des mille, des des dixaines de mille de l'unité principale, et les sous-multiples n'étant autre chose que des dixièmes, des centièmes, des millièmes de cette même unité, il en résulte que, pour écrire en chiffres un nombre exprimant des unités décimales de mesures, il faut placer les multiples à gauche et les sous-multiples à droite de l'unité principale, et chacun au rang indiqué par sa valeur par rapport à cette même unité ; mettre une virgule à la droite de celle-ci, et remplacer par des zéros les multiples et sous-multiples manquants, de même que l'unité principale, quand le nombre proposé ne contient que des subdivisions de l'unité. — Ainsi, le nombre 12 myriam. 5 kilom. 0 hectom. 7 décam. 3 m. 0 décim. 8 centim. 4 millim. s'écrira : 125073^{m}, 084. De même, pour représenter 8 millim., on posera 0^{m}, 008. (1)

Les nombres qui expriment les nouvelles mesures s'énoncent de la même manière que les expressions décimales. — Ainsi, pour énoncer 8704^{g}, 309 on pourrait lire 8 kilogrammes 7 hectogrammes 0 décagramme 4 grammes 3 décigrammes 0 centigramme 9 milligrammes ; mais on lit mieux 8704 grammes 309 milligrammes, ou encore 8704309 milligrammes.

Si le nombre proposé contenait des unités inférieures au plus petit des sous-multiples de l'unité de l'espèce que l'on considère, on lirait la partie à droite de la virgule comme une expression décimale proprement dite, en ayant soin de faire connaître à la fin de l'énoncé le nom systématique de l'unité propre à la grandeur dont il s'agit. — Ainsi, 0^{m}, 0207 se lit : 0 mètre 207 dix-millièmes de mètre, 4^{l}, 689 s'énonce : 4 litres 689 millièmes de litre, parce que le mètre n'a pas de sous-multiples inférieurs aux *millimètres*, et le litre, aux *centilitres*.

Pour rapporter un nombre d'unités quelconques à un autre d'unités plus grandes ou plus petites de même espèce, on le divise ou on le multiplie par 10, par 100, par 1,000, etc., selon que l'on veut obtenir des unités nouvelles 10 fois, ou 100 fois, ou

(1) Cette manière d'écrire les nombres n'est toutefois nécessaire que lorsqu'il s'agit de les soumettre à des opérations arithmétiques ; hors ce cas, ils s'expriment généralement selon le mode adopté dans cet ouvrage.

1,000 fois, etc., plus grandes ou plus petites que l'unité principale de l'expression proposée. — Ainsi 37856 m. 37 sont la même chose que 3785 décam. 637; ou que 378 hectom. 5637, etc. — 495 décag. valent 4950 g. ou 49500 décig., etc.

La numération des mesures de surface et de solidité exige une attention particulière. En comparant, ci-après, certaines unités décimales métriques entre elles, nous ferons seulement voir ce ce qu'il y a à faire pour écrire ou énoncer, en mesures carrées ou cubiques, les décimales d'un produit résultant de l'évaluation d'une surface ou d'un solide, et comment on procède pour passer d'une de ces deux sortes de mesures à une autre de l'espèce correspondante, parce que nous avons pensé que le lecteur comprendra mieux les règles que nous prescrivons à ce sujet, quand il aura étudié avec nous les principales relations que certaines unités métriques ont entre elles.

XL.

Comparaison de la circonférence de la terre avec le mètre.

De ce que le mètre est la dix-millionième partie du quart du méridien terrestre, il s'en suit que la distance du pôle à l'équateur est de 10 millions de mètres, et que la longueur totale du méridien est de 40 millions de mètres. — Ainsi, la circonférence de la terre est de 40 millions de mètres, ou de 4 millions de décamètres, ou de 400 mille hectomètres, ou de 40 mille kilomètres, ou de 4 mille myriamètres.

En adoptant la loi décimale pour les nouveaux poids et mesures, on a voulu l'appliquer également à la division du cercle; mais cette innovation n'a pas généralement prévalu. Voici, du reste, comment la circonférence a été partagée dans le nouveau système. Prenant l'angle droit pour unité, on l'a divisé en 100 degrés, le degré en 100 minutes, la minute en 100 secondes, la seconde en 100 tierces, etc. On a eu alors :

Pour le quart de la circonférence de la terre.........	10,000,000 m.
Pour le degré.............	100,000
Pour la minute.............	1,000
Pour la seconde..........	10
Pour la tierce.............	0, 1

D'après cela, une *échelle* qui aurait un mètre pour base, serait en quelque sorte une échelle géographique toute construite.

XLI.

Comparaison des dixièmes, des centièmes, etc., du mètre carré, avec le décimètre carré, le centimètre carré, etc.

De ce que le mètre carré vaut 100 décimètres carrés, il s'en suit que le dixième du mètre carré égale $\frac{100}{10}$ ou 10 décimètres carrés.

De même, de ce que le mètre carré vaut 100 décimètres carrés, ou 10,000 centimètres carrés, il s'ensuit que le centième du mètre carré égale $\frac{10,000}{100}$ ou 100 centimètres carrés.

Enfin, le mètre carré valant 100 décimètres carrés, ou 10,000 centimètres carrés, ou 1,000,000 de millimètres carrés, il s'en suit que le millième du mètre carré équivaut à $\frac{1,000,000}{1,000}$ ou 1,000 millimètres carrés.

Il faut conclure de là que les dixièmes, les centièmes et les millièmes du mètre carré sont respectivement 10 fois, 100 fois et 1,000 fois plus grands que les décimètres carrés, les centimètres carrés et les millimètres carrés. Il n'est donc pas permis de prendre les uns pour les autres (1).

(1) C'est faute d'avoir fait cette distinction, que, sous un de nos anciens gouvernements parlementaires, la chambre des députés, dans la discussion de la loi relative au droit de timbre et de

XLII.

Evaluation en mesures carrées d'un nombre décimal de mètres carrés.

Un dixième de mètre carré, avons-nous dit, vaut 10 décimètres carrés, et un centième de mètre carré vaut 100 centimètres carrés, ou 1 décimètre carré. Par conséquent, quand on aura une expression décimale de mètres carrés, les deux premiers chiffres décimaux représenteront des décimètres carrés; on verrait semblablement que la 3e et la 4e décimales expriment des centimètres carrés, et ainsi de suite.

D'où il suit que pour énoncer un nombre décimal exprimant en mesures carrées la valeur d'une surface, partant de la virgule, on rend pair le nombre des décimales de l'expression, si elle ne l'est pas ; concevant ensuite la partie fractionnaire partagée en tranches de deux en deux chiffres, on énonce la partie entière, puis la partie décimale, en donnant à chaque tranche le nom des unités qu'elle représente. Dans ce cas, la première tranche, comme on l'a vu, exprime des décimètres carrés, la seconde des centimètres carrés, et la troisième des millimètres carrés.

Ainsi, si l'on avait à évaluer en mesures carrées la partie décimale du nombre 8,594,071 mètres carrés 284573, on lirait : 8,594,071 mètres carrés 28 décimètres carrés 45 centimètres carrés 73 millimètres carrés.

S'il y avait plus de trois tranches, le mètre n'ayant pas de sous-multiples usités inférieurs aux milli-

port des journaux et écrits périodiques, vota un article où il était question de feuilles ayant 30 et 15 *centimètres carrés*. Le plus grand de ces journaux n'aurait pas eu les dimensions d'une carte à jouer! L'erreur fut bien vite signalée à l'assemblée elle-même; on avait voulu parler *de centièmes de mètre carré*, et non de *centimètres carrés*.

mètres, on pourrait énoncer les décimales en sus comme une fraction de millimètres carrés; et, comme il y a une subordination analogue dans les diverses unités carrées, on pourrait encore décomposer la partie entière en unités carrées et l'énoncer d'après le même principe. Dans l'exemple précédent, rien n'empêcherait donc d'énoncer la partie entière: 8 kilomètres carrés 59 hectomètres carrés 40 décamètres carrés 71 mètres carrés.

Comme le mètre n'a pas non plus de multiples supérieurs aux myriamètres, il n'y aurait pas lieu de diviser la partie entière d'un nombre donné en plus de cinq tranches; quel que fût alors le nombre des chiffres contenus dans la dernière tranche à gauche, on les énoncerait en myriamètres carrés.

XLIII.

Changements d'unités dans les mesures carrés.

Puisque l'are est un décamètre carré, il vaut 100 mètres carrés : donc le mètre carré est le centième de l'are, ou le *centiare*.

De même, puisque l'hectare vaut 100 ares, il vaut 100×100 ou 10000 mètres carrés ; 10000×100 ou 1000000 de décimètres carrés ; 1000000×100 ou 100000000 de centimètres carrés, etc.

D'où il suit que pour passer d'une mesure carrée décimale à une autre, il suffira toujours de multiplier ou de diviser par 100, ou par 10000, ou par 1000000, etc., le nombre donné, suivant qu'il s'agira d'obtenir des unités d'un ordre inférieur ou supérieur à celui auquel appartiennent celles qui sont énoncées.

Ainsi, pour transformer des ares en hectares, il faudra diviser par 100; tandis que pour les convertir ou en mètres carrés, ou en décimètres carrés, par exemple, on devra, au contraire, les multiplier ou par 100 ou par 10,000.

Si donc on avait 245 ares 25 à transformer en hectares, on devrait écrire $2^{\text{hecta.}}$,4525, et l'on devrait énoncer 2 hectares 45 ares 25 centiares. Si l'on avait, par contre, à réduire la même expression ou en mètres carrés, ou en décimètres carrés, on écrirait $24525^{\text{m. carrés}}$, ou $2452500^{\text{décim. carrés}}$, et l'on énoncerait 24525 mètres carrés, ou 2452500 décimètres carrés.

XLIV.

Comparaison des dixièmes, des centièmes, etc., du mètre cube avec le décimètre cube, le centimètre cube, etc.

Le mètre cube vaut 1000 décimètres cubes ; d'où il suit que le dixième du mètre cube égale $\frac{1,000}{10}$ ou 100 décimètres cubes.

De même, le mètre cube valant 1000 décimètres cubes, ou 1,000,000 de centimètres cubes, il s'en suit que le centième du mètre cube vaut $\frac{100,000}{100}$ ou 10,000 centimètres cubes.

Enfin, de ce que le mètre cube égale 1000 décimètres cubes, ou 1,000,000 de centimètres cubes, ou 1000000000 de millimètres cubes, il en résulte que le millième du mètre cube vaut $\frac{1,000,000,000}{1,000}$ ou 1000000 de millimètres cubes.

Il faut conclure de là que les dixièmes, les centièmes et les millièmes du mètre cube sont respectivement 100 fois, 10,000 fois et 1,000,000 de fois plus grands que les décimètres cubes, les centimètres cubes et les millimètres cubes. Il importe donc de ne pas confondre les uns avec les autres.

XLV.

Evaluation d'un nombre de mètres cubes en mesures cubiques.

Un mètre cube, avons-nous dit, vaut 1000 décimètres cubes ; donc :

1° Un dixième de mètre cube vaut 100 décimètres cubes ;

2° Un centième de mètre cube vaut 10 décimètres cubes ;

3° Un millième de mètre cube vaut 1 décimètre cube ;

C'est-à-dire que, dans une expression décimale de mètres cubes, les trois premiers chiffres décimaux représentent des décimètres cubes. En suivant le même raisonnement, on ferait voir que les trois décimales suivantes expriment des centimètres cubes, et ainsi de suite.

D'après cela, pour énoncer en mesures cubiques les décimales provenant de l'évaluation du volume d'un corps, partant de la virgule, on rend multiple de *trois* le nombre des chiffres décimaux de l'expression, s'il ne l'est déjà ; concevant ensuite la partie fractionnaire décomposée en tranches de trois en trois chiffres, on énonce d'abord la partie entière, puis la partie décimale, en ayant soin de donner à chaque tranche le nom des unités qu'elle représente. Comme on l'a vu, la première tranche, dans ce cas, exprime des décimètres cubes, la seconde des centimètres cubes et la troisième des millimètres cubes.

Ainsi, le produit 17 mètres cubes 4789563 s'énoncerait, après que deux zéros auraient été écrits sur la droite, 17 mètres cubes 478 décimètres cubes 956 centimètres cubes 300 millimètres cubes. On énoncerait aussi bien 17 mètres cubes 478956300 millimètres cubes.

XLVI.

Changements d'unités dans les mesures cubiques.

Puisque le mètre cube vaut 1000 décimètres cubes, il vaut 1000 × 1000 ou 1000000 de centimètres cubes ; 1000000 × 1000 ou 1000000000 de millimètres cubes ; etc.

D'où il suit que pour passer d'une unité cubique décimale à une autre d'un ordre inférieur, il suffit toujours de multiplier par 1000, ou par 1000000, ou par 1000000000, etc., le nombre donné, selon qu'on veut obtenir des unités d'un ordre 1000 fois, 1000000 de fois, 1000000000 de fois, etc., moindre que celui auquel appartiennent celles qui sont énoncées.

Ainsi, l'expression 17 mètres cubes 478956300, réduite successivement en décimètres cubes, en centimètres cubes, en millimètres cubes, devient 17478 décimètres cubes 956300 ; 17478956 centimètres cubes 300 ; 1,747,895,630 millimètres cubes.

Il est clair que s'il s'agissait de passer d'unités d'un ordre inférieur à des unités d'une collection plus élevée, il suffirait d'opérer en sens contraire ; c'est-à-dire qu'il faudrait avancer la virgule d'autant de fois trois rangs vers la gauche que les unités qu'il est question d'obtenir sont ou 1000 fois, 10,000,000 de fois, ou 1000000000 de fois, etc., plus grandes que celles que contient l'expression proposée.

XLVII.

Comparaison du litre et de ses multiples avec le mètre cube, le décimètre cube, le centimètre cube, etc.

Le litre, comparé au mètre cube, en est la millième partie ; il équivaut à 1,000 centimètres cubes et à 1,000,000 de millimètres cubes.

Valant 10 litres, le décalitre, comparé au mètre cube, en est la centième partie ; il équivaut à 10,000 centimètres cubes et à 10,000,000 de millimètres cubes.

Valant 100 litres, l'hectolitre, comparé au mètre cube, en est la dixième partie ; il équivaut à 100,000 centimètres cubes et à 100,000,000 de millimètres cubes.

Le décilitre, dixième partie du litre, ou du décimètre cube, vaut un dixième de décimètre cube, ou 100 centimètres cubes.

Le centilitre, dixième partie du décilitre, vaut 10 centimètres cubes.

XLVIII.

Comparaison du poids et du volume d'une quantité d'eau.

Un centimètre cube d'eau pèse 1 gramme; or, le centimètre cube est contenu 1000 fois dans le décimètre cube ; donc, un décimètre cube d'eau pèse 1000 grammes, ou 1 kilogramme. On prouverait de même qu'un mètre cube d'eau pèse 1000 kilog., poids du tonneau de mer; qu'un décamètre cube d'eau pèse 1,000,000 de kilogrammes ; etc.

Réciproquement, si le gramme est le poids d'un centimètre cube d'eau, un gramme d'eau a pour volume le centimètre cube ; si le kilogramme est le poids d'un décimètre cube d'eau, le kilogramme d'eau a pour volume le décimètre cube ; si 1000 kilog. sont le poids d'un mètre cube d'eau, 1000 kilogrammes d'eau ont pour volume le mètre cube; etc.

XLIX.

Comparaison du poids et de la valeur d'une somme d'argent.

La pièce de 1 franc pèse 5 grammes : donc 10 fr. pèseront 50 grammes; 100 francs pèseront 500 gr.; 200 fr. pèseront 1000 grammes ou 1 kilogramme; 1000 francs pèseront 5 kilogrammes ; etc.

Le cuivre entrant dans la monnaie d'argent pour 0,1 du poids total d'une pièce, il s'en suit que dans la pièce de 5 fr. il y a 2 gr. 5 de cuivre, et 22 gr. 5 d'argent; que dans celle de 2 fr. il y a 1 gr. de cuivre, et 9 gr. d'argent; que dans celle de 1 fr. il y a 0 gr. 5 de cuivre, et 4 gr. 5 de fin ; que dans celle de 0,50 cent. il y a 0 gr. 25 de cuivre, et 2 g. 25 de fin; enfin, que dans celle de 0,20 cent. il y a 0 gr. 1 de cuivre et 0 gr. 9 de fin.

Dans 1,000 francs en argent, qui pèsent 5 kilos, il y a 0 kil. 5 de cuivre et 4 kil. 5 d'argent.

On pourrait faire les mêmes remarques sur la monnaie d'or.

L.

Applications.

1° On a un volume de 5 mètres cubes 247 d'eau; quel est son poids ?

Pour le déterminer, il suffit de mutiplier le poids d'un mètre cube d'eau, ou 1000 kilogrammes, par le nombre 5, 247, ce qui donne 5247 kilogrammes pour le poids du volume proposé.

2° Un bassin renferme 27,453 kilogrammes d'eau; quelle est sa capacité ?

Puisqu'un kilogramme d'eau correspond, en volume, au décimètre cube ou à 0,001 du mètre cube, en prenant cette valeur 27,453 fois, on trouvera 27 mètres cubes 453, ou 27,453 litres pour capacité du bassin.

3° Supposons que la capacité d'un réservoir soit de 16 mètres cubes, et qu'on demande combien il doit contenir de litres.

Puisque le litre vaut 0,001 du mètre cube, celui-ci vaut 1000 litres, et les 16 mètres cubes en valent 16,000. Ainsi, le réservoir renferme 16,000 litres.

4° Proposons-nous d'exprimer en mesures de capacité la contenance d'un vase qui cube intérieurement 480 centimètres cubes.

Comme le centimètre cube est la millième partie du litre, il s'en suit que 480 centimètres cubes sont les 480 millièmes d'un litre, ou 0,480 millièmes de litre; c'est-à-dire que le vase contient 0,48 centilitres.

5° Soit à faire connaître en mètres cubes, ou en parties du mètre cube, la capacité d'une coupe remplie par 125 centilitres d'eau.

125 centilitres s'expriment par 1 litre 25; or le litre est un décimètre cube; donc 125 centilitres répondent à 1 décimètre cube 250 centimètres cubes.

6° Quel est le poids d'une somme d'argent de 2,000 francs ?

Comme une pièce de 1 franc pèse 5 grammes, en prenant 5 grammes 2,000 fois, on aura 10,000 gr. ou 10 kilogrammes pour poids demandé.

7° Sachant qu'un group de pièces d'argent pèse 6 kilogrammes, déterminer sa valeur en francs.

Pour cela, on changera 6 kilogrammes en 6,000 grammes, qu'on divisera par 5 grammes, poids de 1 franc; et le quotient, 1,200 francs, sera la valeur du group en question.

8° La distance de Paris à l'équateur étant de 5,425 kilomètres 90, dire la latitude de cette ville suivant la nouvelle division du cercle ?

Le quart de la circonférence de la terre étant de

10,000,000 de mètres, le degré terrestre vaut conséquemment 100,000 mètres. Or, 5,425 kilomètres 90 font 5,425,900 mètres : donc ils équivalent à $\frac{5,425,900}{100,000}$ = 54 degrés 25 minutes 90 secondes. Telle est la latitude de Paris suivant la nouvelle division du cercle.

9° Combien 27 hectares 4 ares renferment-ils de mètres carrés ?

27 hectares 4 ares valent 2,704 ares. Or, l'are égale 100 mètres carrés : donc 27 hectares 4 ares équivalent à 270,400 mètres carrés.

10° Combien 50 millièmes du mètre cube contiennent-ils de centimètres cubes ?

Le millième du mètre cube est le décimètre cube, et le décimètre cube vaut 1,000 centimètres cubes : d'où 50 décimètres cubes, ou 50 millièmes du mètre cube, contiennent 50,000 centimètres cubes.

11° Quel est le poids de l'eau contenue dans un tonneau de 2 hectolitres 40 ?

2 hectolitres 40 sont la même chose que 240 litres ; donc l'eau qui y serait contenue pèserait 240 kilos.

12° La capacité d'une cuve est de 7 mètres cubes ; combien contient-elle de décalitres ?

7 mètres cubes sont la même chose que 7,000 décimètres cubes. La cuve contient conséquemment 7,000 litres ou 700 décalitres.

SIXIÈME PARTIE.

CALCUL.

LI.

Observation.

Nous avons vu que l'on avait choisi la loi décimale dans la composition et la subdivision des unités primitives des nouvelles mesures en unités secondaires plus grandes ou plus petites. La raison qui a décidé de la préférence en faveur du système décimal, est que, par ce moyen, tous les calculs qui ont pour objet les opérations sur les mesures légales, s'effectuent, sans aucune exception, suivant les règles de l'arithmétique concernant les expressions décimales.

Quelques exemples suffiront donc pour mettre le lecteur, que nous supposons, du reste, en possession des principales règles de cette science, à même d'effectuer sûrement et promptement tous les calculs auxquels peut donner lieu la pratique des poids et mesures.

LII.

Addition.

Quand les unités à ajouter appartiennent à la même collection, l'opération, quelle que soit la mesure considérée comme unité principale, s'effectue absolument d'après les principes relatifs à l'addition des expressions décimales. Voici des exemples :

	24$^{m.}$,654	42$^{hecta.}$,16	8^{kos},162
	1 ,15	9 ,7050	29 ,17
	209 , »	0 ,654	163 ,6542
	0 ,26	112 ,4	9 ,8
Totaux :	235$^{m.}$,064	164$^{hecta.}$,9190	210^{kos},7862

Mais si les quantités à ajouter, quoique de même espèce, sont de collections différentes, il faut préalablement les ramener toutes à l'unité qu'on désire obtenir dans le résultat.

Ainsi, pour avoir en *décalitres* le total des expressions suivantes : 14 hectol. 20 ; 5 décal. 1 ; 94 l. 15 ; 0 décal. 25, et 2 hectol. 953, on devra disposer l'opération comme ci-après :

	142$^{décal.}$,0
	5 ,1
	9 ,415
	0 ,25
	29 ,53
Total :	186$^{décal.}$,295

LIII.

Soustraction.

Lorsque l'unité principale est la même dans les deux nombres proposés, l'opération revient, sans exception, au cas d'une soustraction d'expressions décimales. Voici des exemples :

	7$^{kilom.}$,5	25$^{st.}$,4	2$^{m. cubes}$,452250
	0 ,97	2 ,52	1 ,934
Différences :	6$^{kilom.}$,53	22$^{st.}$,88	0$^{m. cubes}$,518250

Mais si les quantités à retrancher, bien que de même nature, ne sont pas exprimées par des unités de la même collection, il faut d'abord les ramener à une expression commune, puis opérer comme dans les exemples précédents.

Ainsi, si l'on a 9 ares 52 à soustraire de 4 hectares 6, on posera :

	$4^{\text{hecta.}}$,6
	0 ,0952
Reste :	$4^{\text{hecta.}}$,5048

LIV.

Multiplication.

Cette opération, appliquée aux mesures métriques, n'offre rien non plus de particulier. Il suffit, pour l'effectuer, de placer le multiplicateur sous le multiplicande, de manière à faire correspondre les deux virgules; après avoir opéré comme sur les expressions décimales, de séparer dans le produit autant de chiffres décimaux qu'il y en a dans les deux facteurs; enfin, de faire exprimer au produit les mêmes unités qu'au multiplicande. Voici des exemples ;

	18^{f}, 55		23^{f} ,50	
	14^{m}, 46		1^{hect},52	
	1 11	30	49	00
	1 85	5	12 25	0
	74 20		24 50	
	185 5			
Produits :	262^{f} 66	80	37^{f} 24	00

Il est cependant utile de faire observer que, dans la résolution d'une question, on doit toujours avoir l'attention d'exprimer le mulplicateur par l'unité de la collection avec laquelle le rapport du multiplicande est énoncé. Nous voulons dire qu'il faut multiplier 24 fr. 50 par 1 hectog. 52, lorsque, par exemple, 24 fr. 50 sont le prix de l'hectogramme, et qu'on demande le prix de 1 hectog. 52. Mais, si 24 fr. 50 étaient le prix du kilogramme et qu'on demandât celui de 1 hectog. 52, on devrait ramener ce dernier nombre à exprimer des kilogrammes, et multiplier, par conséquent, 24 fr. 50 par 0 kilog. 152.

Dans la pratique, en disposant l'opération, on peut se dispenser d'exprimer littéralement l'espèce des unités contenues dans chacun des deux facteurs, sauf, comme il est dit plus haut, à la désigner dans le produit, après le placement de la virgule. Exemple :

```
     18,55
     14,16
   -------
   1 1130
   1 855
  74 20
 185 5
 --------
 262f,6680
```

LV.

Division.

Toute la difficulté, dans cette opération, consiste à assigner l'espèce des unités du quotient. Sur ce point, on ne peut poser aucun principe à l'avance: car la nature des unités d'un quotient varie nécessairement avec le sens de la question proposée.

Exemples :

1. — Si j'ai payé 452 m. 50 de drap la somme de 3,240 fr., le mètre me revient à $\frac{3240}{452,50}$ = 7 fr. 16.

2. — Le kilogramme d'une denrée coûtant 18 fr. 50, pour une somme de 640 fr. on en aura $\frac{640}{18,50}$ = 34 kos 59.

3. — Si 17 ouvriers ont fait ensemble 452 mètres cubes 640 de maçonnerie, un ouvrier, pour sa part, est censé avoir fait $\frac{452,640}{17} = 26$ mètres cubes 625.

4. — La consommation journalière en pain d'une famille étant de 3 kilog. 60, à raison de 0 fr. 42 le kilogramme, avec un crédit de 113 fr. 40, cette famille aura du pain assuré pour $\frac{113,40}{3,60 \times 0,42} = 75$ jours.

LVI.

Questions à résoudre.

Il serait difficile de donner autre chose que des indications générales sur la manière de résoudre quelques-unes des questions proposées ci-après. A défaut de règles précises à ce sujet, disons qu'il faut commencer par bien se pénétrer de l'énoncé de la question ; examiner les opérations que l'on aurait à faire pour vérifier le nombre que l'on cherche, si ce nombre était déjà trouvé ; enfin, déduire de ces opérations d'autres opérations plus simples, jusqu'à ce que l'on parvienne à ramener la détermination du nombre inconnu à l'une ou à plusieurs des opérations fondamentales que l'on sait effectuer.

1. — Un propriétaire de forges a fondu 5,637 kilog. 50 de fer, sur lesquels il en a vendu, d'une première fois, 298 kilog. 60, et, d'une seconde fois, 781 hectog. 20 ; combien lui en reste-t-il ?

2. — S'il faut 0 m. carré 13 de ferblanc pour faire un entonnoir, combien fera-t-on d'entonnoirs avec 26 mètres carrés ?

3. — L'hectare d'un terrain vaut 3600 fr. ; combien coûteront 19 ares 40 ?

4. — Un ouvrier maçon est payé à raison de 28

fr. 60 le mètre cube ; combien recevra-t-il pour un travail de 20 jours, pendant lesquels il a fait régulièrement 0 m. cube 425 par jour?

5.—Le prix du pain étant taxé à 0 fr. 38 le kilogramme, combien de kilogrammes de pain a consommés une famille qui a payé au boulanger 360 francs?

6.— Le double décalitre de blé coûtant 4 fr. 75, combien paiera-t-on 25 hectol. 3?

7.—Un épicier a trois tonnes d'huile, dont la 1re contient 84 kilos 34, la 2e 172 hectog. 164, et la 3e 20 kilos; combien en tout de décagr. d'huile?

8.— Quelle est la quantité d'eau distillée qui pèse autant que 136 fr. 80 en argent?

9.— Trouver la capacité totale de la série des mesures pour les matières sèches, depuis l'*hectolitre* jusqu'au *demi-décilitre* inclusivement.— Exprimer successivement et séparément cette capacité : 1° en *hectolitres* et parties d'*hectolitre*; 2° en *décalitres* et parties de *décalitre*; 3° en *litres* et parties de *litre*; 4° en *décilitres* et parties de *décilitre*.

10.—Les mesures de la série en étain, depuis et compris le *double litre* jusqu'au *centilitre*, sont remplies d'un liquide évalué 50 fr. l'hectolitre; dire le prix de la totalité du liquide que toutes ces mesures contiennent?

11.— Trouver la capacité totale de la série des mesures en ferblanc pour le lait, depuis le *double litre* jusqu'au *décilitre*.— Exprimer successivement et séparément cette capacité : 1° en *litres* et fractions de *litre*; 2° en *décilitres*.

12.— Trouver la pesanteur totale de la série des poids en fonte, depuis le poids de 50 *kilog.* jusqu'au 1/2 *hectog.*— Exprimer successivement et séparément cette pesanteur : 1° en *kilogrammes* et parties de *kilogramme*; 2° en *hectogrammes* et parties d'*hectogramme*; 3° en *décagrammes*.

13.— Dire la pesanteur totale des poids de la série en cuivre, depuis et compris celui de 20 *kilo-*

grammes jusqu'au *gramme*.— Exprimer cette pesanteur : 1° en *kilogrammes* et fractions de *kilogramme ;* 2° en *hectogrammes* et fractions d'*hectogramme ;* 3° en *décagrammes* et fractions de *décagramme ;* 4° en *grammes*.

14.— Ajouter au poids total de la série des poids en cuivre, depuis et compris celui de 20 *kilogrammes* jusqu'au *gramme*, celui de la série des poids depuis et compris le 5 *décigr.* jusqu'au *milligramme*.— Exprimer ce poids en *grammes* et parties de *gramme*.

15.— Les poids suivants : 2 *kilog.*, 2 *hectog.* et 1/2 *hectog.*, étant placés sur le plateau d'une bascule, dire le poids du corps qui leur fait équilibre sur le tablier?

16.— Un corps pesant 52 kilos 65 est placé sur le tablier d'une bascule; en quoi consisteront les poids dont le total devra faire équilibre sur le plateau?

17.— Quelles pièces de la monnaie d'argent fautil réunir pour obtenir un poids de 7 gr. 5?

18.— On a payé 8 fr. 50 pour le transport de 52 kilos 60 de marchandise à 18 kilom. 7 de distance; que doit-on donner pour le transport de 28 quintaux métriques à 15 myriam. ?

19. — Quelle hauteur doivent avoir les montants du *double stère*, lorsqu'on mesure du bois dont les bûches ont 1 m. 45 de longueur?

20.— Combien faut-il allier de cuivre à 5 k. 40 d'argent pour faire de la monnaie française, et pour quelle somme en aurait-on, sans compter les frais de fabrication?

21.— On désire savoir quelle somme aurait été confiée à un commissionnaire chargé de 32 k. 26 de pièces de 20 francs.

22.— On dispose d'une série de mesures en bois composée du *double décalitre* ou *décilitre*. Quelles sont celles de ces mesures qu'on emploiera pour mesurer 451 hectol. 762 de blé? combien de fois prendra-t-on chacune de celles qui seront employées, avec la réserve qu'une mesure quelconque de la série ne sera employée qu'autant que le grain restant à mesurer ne pourra plus l'être à l'aide de la mesure immédiatement plus grande ?

23.— On demande la capacité d'un vase, sachant que l'eau qu'il contient pèse autant que 240 fr. 50, moitié en monnaie d'argent, moitié en monnaie de cuivre.

24.—Lorsque 3 hectog. de café coûtent autant que 4 hectog. 75 de sucre, dire combien on aura de kilogrammes de café pour 150 francs, sachant que 80 kilog. 50 de sucre ont été payés 197 fr. 10 cent.

25.—Un vase plein d'eau pèse 8 kilog. 748; le même vase vide pèse 1 kilog. 502. On demande le poids de l'eau et la capacité du vase.

26.— Deux marchands ont fait un échange : le premier a donné au second 45 kilogrammes de café, à 7 f. 25 le kilogramme; le second a donné au premier 142 m. 75 de toile, à 2 fr. 25 le mèt. Lequel des deux redoit à l'autre, et combien lui doit-il ?

27.— Combien fera-t-on de pièces de 5 francs avec un lingot d'argent pur pesant 12 kilog. 50, en y ajoutant l'alliage nécessaire?

28.— Quelle hauteur devront avoir les montants du demi-décastère pour obtenir cinq stères avec du bois dont les bûches portent 2 m. 66 de longueur?

29.— Le double décalitre de blé se vend 4 fr. 25; quel est le prix de 16 hectol. 80 ?

30.— D'un baril contenant 1 hectolitre de vin, on tire tous les jours un litre, qu'on remplace par autant d'eau. Combien de fois faudra-t-il répéter cette opération pour que le vin soit réduit à 2 décal. 52 (1) ?

(1) Nous engageons beaucoup les jeunes gens qui désirent se familiariser complètement avec le système décimal, à rechercher avec soin les réponses de ces problèmes. Pour provoquer leur émulation, nous nous proposons, dans les éditions suivantes de cet ouvrage, de publier, à la suite de leurs solutions, les noms de tous ceux qui voudront bien nous communiquer leur travail à ce sujet.

SEPTIÈME PARTIE.

PRATIQUE.

LVII.

Principes généraux.

Tout acheteur a le droit de s'assurer si les poids et mesures dont se sert le vendeur sont conformes à la loi; mais les moyens matériels lui manquent généralement pour cet objet. Il faut donc, le plus souvent, qu'il s'en rapporte à la probité du marchand; sinon, qu'il se contente d'une simple inspection oculaire des poids et mesures avec lesquels on pèse ou l'on mesure la marchandise dont il veut faire acquisition. Voyons alors, pour le cas où il jugerait à propos d'user de son droit suivant ce moyen, quels sont les principaux caractères que doit présenter un instrument de pesage ou de mesurage pour faire présumer de sa justesse et de sa légalité.

Conformément à l'article 10 de l'ordonnance du 17 avril 1839, les poids et mesures nouvellement fabriqués ou rajustés, sont présentés au bureau du vérificateur et vérifiés avant d'être livrés au commerce.

Cette opération se constate par l'apposition d'un poinçon spécial, dont la forme a plusieurs fois varié depuis l'établissement de l'agence des poids et mesures en France. Avant le premier Empire, ce poinçon, désigné par le nom de *poinçon primitif*, consistait dans l'entrelacement des initiales des deux mots *République Française*. Sous Napoléon Ier, il figurait l'*aigle impériale;* sous la Restauration, *une fleur de lis;* sous la dynastie de juillet, *une couronne fermée*. Le gouvernement de l'Empereur Napoléon III a maintenu celui qu'avait adopté le pouvoir républicain, en 1848 : il consiste en deux mains, disposées de manière à rappeler *l'emblème de la fraternité.*

Indépendamment de l'empreinte du poinçon primitif, les instruments de pesage et de mesurage, en vertu de l'arrêté ministériel du 16 février 1853, reçoivent, en même temps, celle d'un second poinçon portant le *numéro d'ordre* du bureau où ils sont présentés à la vérification.

Les poids et mesures sont ensuite inspectés périodiquement dans leur usage par les agents du service, qui constatent chacune de leurs vérifications par l'application d'un troisième poinçon, nommé *poinçon annuel.* Ce poinçon est toujours une des 25 lettres de l'alphabet, renouvelée à chaque exercice et remplacée par celle qui la suit immédiatement dans l'ordre abécédaire. Si l'on se rappelle maintenant qu'en 1853 cette lettre était la lettre A, il sera toujours facile de déterminer, au moyen du plus simple calcul, celle de l'année dans laquelle on se trouve. Cette lettre sera la lettre F pour l'exercice 1858.

Cela dit, il faut, pour s'assurer de la légalité d'un instrument de pesage ou de mesurage, voir s'il porte la marque des poinçons dont nous venons de parler, savoir : le poinçon primitif, le poinçon d'ordre et le poinçon à la lettre de l'année courante.

La présence de ces trois poinçons sur un objet peut aussi être une présomption de sa justesse, mais seulement une présomption : car, malgré tous les caractères légaux dont ils seraient revêtus, des poids et mesures pourraient, par le fait du vendeur ou autrement, avoir été altérés postérieurement à la dernière vérification périodique, et, dès lors, ne plus présenter ni la pesanteur, ni la contenance réglementaires, bien que, encore une fois, ils revêtissent toutes les apparences légales.

Toutefois, les officiers de police judiciaire de tous ordres veillant avec le zèle le plus louable sur

la moralité des transactions commerciales, le public n'a que peu de déceptions à redouter de ce côté. Du reste, nous avons assez de confiance dans le commerce français, pour penser que les citoyens peuvent généralement se contenter, quand ils le jugent d'ailleurs nécessaire, de voir si les poinçons de l'État revêtent les appareils avec lesquels on pèse ou mesure la marchandise qu'ils achettent.

Un autre droit que le consommateur ne doit pas négliger de faire valoir à l'occasion, c'est celui qu'il a de se faire servir avec la mesure effective de l'assortiment du marchand, de la contenance de laquelle se rapproche le plus la quantité de matière à mesurer. Ce droit existe également, bien entendu, lorsqu'il s'agit d'une opération de pesage.

Nous voulons dire, par exemple, que 5 kilogr. de pain doivent se peser avec le poids de 5 kilogr., et non avec cinq poids de 1 kilogramme; que 20 litres de blé doivent se mesurer avec le double décalitre, et non avec le décalitre, le demi-décalitre, le double litre, et encore moins avec le litre, dont on répèterait 20 fois la contenance.

La raison de ce principe est facile à saisir. On sait qu'il n'est pas pratiquement possible de donner aux mesures, ainsi qu'aux poids, une valeur rigoureusement exacte. Aussi la loi a-t-elle dû tolérer pour chacun des poids et mesures une certaine erreur, qui est toujours en plus, et dont l'importance est communément en raison inverse de la grandeur de l'instrument.

En pesant ou en mesurant comme nous l'indiquons, l'avantage, il est vrai, semble être pour le vendeur, puisque le total des tolérances, sur plusieurs mesures, est généralement plus élevé que la tolérance sur la mesure qui les contiendrait toutes. C'est ainsi que la tolérance en plus sur 1 kilogr. étant de 1 gramme, et la tolérance en plus sur un poids de 5 kilogrammes étant de 4 grammes, cinq poids de 1 kilogramme peuvent peser ensemble 5 kilogrammes 5 grammes, tandis que, dans aucun cas, le poids de 5 kilogrammes ne peut valoir plus de 5 kilogrammes 4 grammes.

Mais, lorsqu'il s'agit de mesurer des grains, du blé, par exemple, bien que, pour toutes les mesures en bois, l'erreur tolérable soit de $\frac{1}{100}$ de la mesure, qu'elle soit de $\frac{1}{500}$ pour les grandes mesures en cuivre et en tôle, et qu'elle puisse être de $\frac{1}{200}$ pour les mesures de même matière du double litre et au-dessous, en prenant 20 fois le litre pour former le double décalitre, l'opération est au préjudice du consommateur : car, ainsi que nous l'avons déjà fait remarquer, en supposant des vases de même capacité, mais inégaux en diamètre comme en hauteur, le grain éprouvera moins de tassement dans la mesure la moins haute; et, dès lors, y sera contenu en moins grande quantité.

On conçoit, d'après cela, qu'on aura une moins grande quantité de blé en prenant 20 fois un litre, qu'en mesurant tout en une seule fois avec le double décalitre, dans lequel le tassement serait proportionnellement plus considérable que dans le litre simple.

Au reste, le vendeur jaloux de sa réputation se fera toujours un impérieux devoir de rechercher le mode de pesage ou de mesurage le plus simple possible, et de n'opérer jamais qu'avec le nombre de mesures ou de poids strictement nécessaires. Le consommateur serait en droit de supposer, en effet, que l'emploi d'un assortiment de poids ou de mesures décomposé d'une manière hors de propos, n'a d'autre but que de dissimuler, en quelque sorte à ses yeux, la quantité de marchandise qui lui est livrée, et qu'ainsi à lui faire passer plus facilement inaperçue une infidélité commise à son préjudice.

D'un autre côté, l'emploi de plusieurs mesures, auxquelles on pourrait en substituer un moins grand nombre, a encore pour effet de compliquer l'opération et les calculs qui s'en suivent. Sans doute, lorsqu'il s'agit d'entrer en compte après le pesage ou le mesurage, il n'y a là aucun embarras pour le marchand que l'expérience a rendu habile ; car, par un procédé qui lui est souvent propre, il a toujours très-rapidement déterminé et la quantité et le prix de la denrée vendue. Or, si, par crainte de se tromper et de laisser douter de son aptitude en cette matière, l'acheteur trop confiant qui accepterait, sans contrôle, la déclaration qui lui est faite au sujet de la quantité de marchandise, et verserait, sans vérification, la somme qui lui est demandée, s'exposerait immanquablement à tomber tôt ou tard dans de graves mécomptes.

Quoiqu'il n'y ait rien, que nous sachions, d'officiellement prescrit à ce sujet, il convient donc pourtant que le mode énoncé soit partout exactement suivi, afin que l'acheteur trouve dans la simplicité même de l'opération un moyen de vérification prompt et sûr. Du reste, il est partout possible, puisque, aux termes de l'article 15 de l'ordonnance du 17 avril 1839, chaque profession est tenue de se pourvoir d'un assortiment de poids, mesures et instruments de pesage dont la composition, arrêtée par l'autorité administrative, concorde autant qu'il est permis, tant avec les besoins réels de chacune d'elles, qu'avec la nature et l'importance de ses rapports avec le public.

Il est encore un point sur lequel nous croyons utile d'appeler l'attention de nos lecteurs. Après avoir fait choix de la denrée dont il veut faire acquisition, l'acheteur ne doit plus s'occuper que des poids et mesures que le marchand emploie pour en estimer la valeur : car l'acheteur ne paie réellement que la quantité donnée en résultat par l'opération de pesage ou de mesurage. Comme il n'est pas de règle de payer avant d'avoir reçu l'objet acheté, on ne doit pas non plus rechercher d'abord ce qu'on aura de marchandise pour une somme convenue, mais bien ce qu'on aura à payer pour une quantité de marchandise pesée ou mesurée au préalable.

L'acheteur, par conséquent, ne doit jamais demander une espèce de denrée pour une somme fixée ; mais bien préciser d'abord la quantité de marchandise qu'il désire, et payer ensuite en raison du poids ou de la mesure. Ainsi, il ne demandera pas du pain, de la viande, des légumes, etc., pour 50 centimes, pour 2 francs, pour 10 centimes, etc., mais bien 1, 2, 3, etc., kilogrammes de pain ; 1, 2, 3, etc., hectogrammes de viande ; 1, 2, 3, etc., litres de légumes, et s'assurera ensuite si on lui fait bonne mesure ou poids exact.

Cette manière de s'énoncer auprès du marchand étant, en outre, un moyen indirect de l'avertir que l'on s'entend aux poids et mesures, en y ayant recours, on se procure la chance favorable de lui ôter l'envie d'agir indélicatement.

Ce mode de procéder est d'ailleurs aussi logique qu'avantageux. En effet, pour déterminer la somme qu'en fin de compte on a à débourser, il suffit, par ce moyen, de multiplier le prix de la quantité de marchandise prise pour unité, par le nombre même qui exprime la grandeur de la matière achetée. En demandant, au contraire, une marchandise d'une espèce quelconque pour une somme fixée, on est conduit à chercher combien de fois la somme destinée à l'achat de cette marchandise contient le prix de l'unité de cette même marchandise. C'est donc ici une division qu'on a à effectuer, tandis que, dans le premier cas, c'est une multiplication, dont le résultat, comme on le sait, s'obtient, en général, plus rapidement que celui auquel conduit une division. Exemple : demandez-vous 3 kilog. 50 de viande, à 1 fr. 20 le kilogramme ? vous avez à payer au boucher 1,20 × 3,50, ou 4 fr. 20 ; mais demandez-vous du pain pour 3 fr. 50 ? le kilogramme étant taxé 0 fr. 40, le boulanger aura à vous livrer $\frac{3,50}{0,40}$, ou 8 kilog. 75 de pain. Voyez maintenant quelle est celle de ces deux opérations que vous avez effectuée avec le plus de facilité. Il doit résulter pour vous de cette expérience que le principe que nous établissons, est, ainsi que nous l'avons dit, aussi logique qu'avantageux et simple.

Ces principes généraux étant posés, nous allons entrer dans les détails de chacune des opérations du pesage et du mesurage en particulier.

Nous ferons enfin observer que le législateur a évité de faire dégénérer en gêne pour la liberté du commerce, les soins qu'il a donnés au maintien de l'uniformité des poids et mesures.

Ainsi, chacun peut vendre ou acheter à telle des mesures légales que bon lui semble ; ce qui comprend la faculté de vendre au poids ou à la mesure, à son choix, les marchandises qui seraient susceptibles de l'un et de l'autre.

On peut vendre et coter les prix au demi-kilogramme comme au kilogramme entier, aux cinquante comme aux cent kilogrammes ; compter avec l'acheteur par litre, par décalitre, ou par une mesure effective quelconque de capacité.

Là où, pour constater *un prix légal* des mercuriales, ou dans l'usage des halles, c'est l'autorité locale qui fixe *à quelle mesure* se vendra *telle denrée*, on a égard à la même règle, en choisissant l'unité la plus opportune pour le pays. Cependant, toujours on a soin de ne prendre pour base que des mesures effectives, ou, au moins, des nombres entiers ; et l'on ne cote point les prix des marchandises, par exemple, sur un mètre vingt centimètres, sur quarante-un kilogrammes plus une fraction, comme on l'a tenté quelquefois.

LVIII.

Mesurer une longueur.

Cette opération, une des plus simples de celles qui se présentent dans la pratique des poids et mesures, consiste à porter le décamètre, le mètre, le décimètre, etc., sur la grandeur à mesurer, en suivant une ligne droite, et en replaçant successivement une des extrémités de la mesure au point même où l'autre est venue tomber.

Le mesurage des tissus présente une exception à cette règle. Comme les étoffes ont besoin d'être convenablement tendues pour que la longueur en puisse être exactement évaluée, c'est l'objet à mesurer lui-même que l'on porte sur la mesure, en indiquant chaque longueur sur l'un des côtés du tissu avec les extrémités des deux premiers doigts de chaque main, et en prenant invariablement le point marqué par la main gauche pour celui d'où doit partir la mesure d'une nouvelle longueur de l'instrument, qui, dans ce cas, se trouve presque toujours être le mètre.

L'usage consacré dans le commerce, de ne mesurer les tissus précieux qu'avec des mètres d'une seule pièce, a sans doute prévalu par le motif que les mètres brisés ou pliants, quoique justes, ne s'étendent pas facilement bien, et, par cette raison, n'indiquent que rarement la longueur vraie du mètre.

Lorsque, pour mesurer les grandes longueurs, on fait usage de la chaîne d'arpenteur, on ne doit pas oublier que la longueur de cette mesure est comptée depuis l'extrémité intérieure d'une des deux poignées ou mains, jusqu'à l'extrémité intérieure de l'autre, déduction faite de l'épaisseur d'un des chaînons. En voici la raison. Lorsqu'on fait usage d'une chaîne pour mesurer un terrain, on commence par y ficher un premier piquet, autour duquel on adapte la poignée de la chaîne ; on tend celle-ci, et on fiche un second piquet, passé d'abord dans l'autre poignée. On ôte le premier piquet et la chaîne ; on adapte la poignée au deuxième piquet ; on tend la chaîne ; on enfonce le troisième piquet, passé auparavant dans la poignée, etc., etc. Ces piquets sont ordinairement formés de fil de fer, du même diamètre que celui qui est employé pour la construction de la chaîne : il résulte donc que la vraie longueur mesurée sur le terrain, par ce procédé, se compose de toutes celles qui sont comprises entre les centres des piquets, et que, par conséquent, la longueur de la chaîne doit être celle que nous avons énoncée. Aussi, dans l'étalonnage de l'instrument, se fonde-t-on sur cette considération.

Le résultat décimal de la mesure d'une longueur s'énonce en mètres et centimètres. Ainsi, on dira mieux, par exemple, qu'une table a 2 mètres 40 centimètres, que 2 mètres 4 décimètres de longueur; qu'elle a 98 centimètres, que 9 décimètres 8 centimètres de largeur. Mais il sera bon de conserver dans l'esprit la décomposition primitive, qui permettra mieux d'apprécier la dimension envisagée. Au reste, quelle que soit la longueur des subdivisions du mètre dont on fasse usage, on ne doit jamais employer à la fois plusieurs de ces subdivisions. On ne dira donc pas non plus qu'une ligne a 4 centimètres 8 millimètres, mais bien 48 millimètres.

Le kilomètre est généralement pris aujourd'hui pour unité des mesures itinéraires. A ce sujet, il est encore à remarquer que, dans la pratique, quand on considère ce multiple comme unité principale, on évite aussi de prononcer plusieurs noms dans le même nombre. Ainsi, on dira 52 kilomètres 48 centièmes, ou simplement 52 kilomètres 48, plutôt que 52 kilomètres 4 hectomètres 8 décamètres, ou seulement que 52 kilomètres 48 décamètres. On dira de même 416 kilomètres 295 millièmes, ou simplement 416 kilomètres 295, plutôt que 416 kilomètres 2 hectomètres 9 décamètres 5 mètres, ou seulement que 416 kilomètres 295 mètres.

LIX.

Mesurer une surface.

Les mesures de surface s'appliquent aux grandeurs qui ont deux dimensions : longueur et largeur.

Pour mesurer une surface de forme quelconque, on cherche combien de fois elle contient la surface d'un carré pris pour unité.

Le carré qu'on choisit pour unité de mesure doit être proportionné à la nature et à la grandeur de la surface qu'on veut évaluer. Par exemple, pour estimer la surface d'un mur, on la rapportera au *mètre carré*; mais pour mesurer l'étendue d'une feuille de papier, on ne fera plus usage du mètre carré : on emploiera le *décimètre carré*. L'*are* est employé pour exprimer la superficie des terrains de peu d'étendue ; l'*hectare* s'emploie pour les forêts et les campagnes. Ce sont ces deux mesures que l'on nomme *mesures agraires*. La surface d'un pays, d'une contrée, s'exprime en *kilomètres* ou en *myriamètres carrés*, unités 1,000,000 de fois ou 100,000,000 de fois plus grandes que le *mètre carré*.

On ne mesure pas les surfaces aussi aisément que les lignes, puisque, comme on l'a vu, pour mesurer une ligne, il suffit de porter le mètre et ses subdivisions sur cette ligne autant de fois qu'ils peuvent y être contenus ; tandis que pour mesurer un terrain triangulaire ou de forme ronde, on ne peut plus agir de même : car la surface de ce terrain ne pourrait être exactement recouverte par les différents carrés que l'on prend pour unité de mesure.

Cependant, quelle que soit la forme de la surface que l'on veut évaluer, par exemple, un rectangle, un triangle, un cercle ou un ovale, on conçoit bien que cette surface équivaut à un certain nombre de fois celle du carré pris pour unité de mesure ; seulement, il faut connaître les règles que la géométrie enseigne pour évaluer en carrés la surface des figures de toute espèce.

LX.

Mesurer un solide.

Les mesures de solidité s'appliquent aux grandeurs qui ont trois dimensions : longueur, largeur, et épaisseur ou hauteur.

Les règles qui servent à estimer le volume des différents corps sont exposées dans les traités de géométrie, après les règles relatives à la mesure des surfaces. Nous renvoyons, pour la connaissance des unes et des autres, aux ouvrages spéciaux. Nous exposerons seulement ici, en quelques mots, ce qu'il y a à observer dans l'emploi des mesures dont nous nous occupons, adaptées au bois de chauffage.

Comme on l'a vu par l'ordonnance du 16 juin 1839, les mesures effectives pour le bois de chauffage sont de trois sortes, savoir : le stère, le double stère et le demi-décastère.

Dans l'usage de l'une comme de l'autre de ces mesures, on empile le bois entre les deux montants, dans un sens perpendiculaire à la sole, de manière à laisser le moins de vides possible entre les bûches, et cela jusqu'à une hauteur égale sur toute la longueur de la mesure, et telle qu'en la multipliant par le produit de la longueur des bûches par la longueur de la sole, on obtienne exactement 1, 2 ou 5 stères.

Si tous les bois étaient coupés à un mètre de

longueur, la hauteur des montants pourrait être invariablement fixée : elle serait, pour le stère et le double stère, d'un mètre, et, pour le demi-décastère, d'un mètre 667 millimètres. Mais il est impossible d'exiger que les marchands donnent aux bûches la longueur constante d'un mètre. Le consommateur doit pouvoir, en tout temps, trouver, dans leurs magasins, des bois de toutes les dimensions, propres, sous ce rapport, à tous les besoins de l'industrie et de l'économie domestique. C'est pourquoi on peut donner aux montants des membrures une hauteur quelconque, sauf à arrêter l'empilement du bois à une élévation en double rapport avec la nature de la mesure et la longueur des bûches.

TABLEAU de la hauteur que doivent avoir les montants du stère, du double stère et du demi-décastère, pour les diverses longueurs des bûches, depuis un mètre jusqu'à cent quarante centimètres.

LONGUEUR DES BUCHES.	HAUTEUR DES MONTANTS	
	DU STÈRE et du double stère.	DU demi-décastère.
m.	m. mil.	m. mil.
1, 00	1, 000	1, 667
1, 02	0, 981	1, 634
1, 04	0, 962	1, 603
1, 06	0, 944	1, 573
1, 08	0, 926	1, 544
1, 10	0, 910	1, 516
1, 12	0, 893	1, 489
1, 14	0, 878	1, 463
1, 16	0, 863	1. 437
1, 18	0, 848	1, 413
1, 20	0, 834	1, 389
1, 22	0, 820	1, 367
1, 24	0, 807	1, 345
1, 26	0. 794	1, 323
1, 28	0, 782	1, 303
1, 30	0, 770	1, 283
1, 32	0, 758	1, 263
1, 34	0, 747	1, 244
1, 36	0, 736	1, 226
1, 38	0, 725	1, 208
1, 40	0, 715	1, 191

La forme des membrures en bois, telle qu'elle est prescrite par les règlements, concerne plus particulièrement les instruments de ce genre dont on fait usage dans les chantiers ou magasins de bois à brûler établis dans les grandes villes. Mais rien ne s'oppose à ce que l'échantillon en soit diminué, lorsque les membrures doivent être transportées avec le bois même par les marchands ambulants, obligés de mesurer le bois en le livrant.

Aujourd'hui, si un certain nombre d'habitants des villes et des campagnes n'ont pas encore entièrement oublié les noms et la valeur des poids et mesures anciens, si quelquefois, dans la conversation, nous entendons encore exprimer les besoins de la vie au moyen des poids et mesures usuels, il est déjà pourtant plus ou moins fait usage des diverses unités métriques dans les opérations commerciales.

Grâce au concours loyal et éclairé que les instituteurs primaires ont prêté en cette circonstance à l'administration, le système des mesures légales a fait au sein des masses tous les progrès qu'on pouvait raisonnablement attendre d'une institution qui rencontrait des obstacles dans les habitudes, dans l'esprit de routine et d'ignorance des classes inférieures, et jusque dans sa composition, trouvée beaucoup trop savante par quelques personnes, pour pouvoir entrer dans le langage usuel et devenir populaire.

C'est là un fait que nous nous plaisons à constater toutes les fois que les circonstances nous en fournissent l'occasion. Nous devons dire, cependant, qu'une mesure décimale n'est pas encore partout franchement adoptée : c'est le stère. Son emploi a fait peu de progrès depuis l'établissement du système métrique. L'usage de vendre exclusivement à la *corde* s'est malheureusement conservé jusqu'à maintenant dans un grand nombre de localités. Mais nous nous hâtons d'ajouter que cette anomalie doit être moins attribuée à la volonté publique, qu'aux causes tout-à-fait exceptionnelles que nous allons exposer.

L'ordonnance du 16 juin 1839 fixe, ainsi qu'on

l'a vu, la longueur des soles des membrures, et porte que la hauteur des montants variera suivant la longueur des bois, de manière à toujours reproduire un solide de 1, 2 et 5 mètres cubes. Mais là se bornent les prescriptions de l'ordonnance. Or, lorsqu'il s'agit de faire observer les dispositions de la loi du 4 juillet 1837, des marchands peu consciencieux essayèrent, plus d'une fois, d'employer des membrures au mesurage des bois plus courts que ceux pour lesquels elles avaient été construites. Le public, généralement peu familiarisé avec l'évaluation des volumes, se trouvait ainsi exposé à des fraudes que le poinçon de l'Etat contribuait, en quelque sorte, à dissimuler aux yeux des acheteurs. Cependant, malgré toute l'adresse dont les marchands usèrent pour cacher leurs coupables manœuvres, le danger auquel étaient exposés les acheteurs fut bien vite signalé à leur attention. C'est pourquoi les populations revinrent si promptement aux usages anciens, et qu'en dépit de l'action à la fois bienveillante et puissante de l'administration, elles montrèrent toujours, depuis lors, la plus vive répugnance à adopter, dans leurs rapports commerciaux, le stère et ses composés.

Mais cette fraude ne saurait se renouveler à l'endroit de la personne entre les mains de laquelle se trouverait le tableau ci-dessus. En effet, vous vous présentez sur le chantier d'un marchand. Après avoir fait choix du bois qui vous convient, prenez avec un mètre la longueur des bûches, puis examinez la mesure qui vous est soumise. Voyez si c'est un demi-décastère (3 m. entre les montants), ou un double stère (2 m.), ou un stère (1 m.). Déterminez ensuite, à l'aide du tableau dont il est question, quelle sera la hauteur de l'empilement du bois au-dessus de la sole. Si, par exemple, les bûches portent 1 m. 32 de longueur, cette hauteur sera, pour le stère et le double stère, de 0 m. 758, et, pour le demi-décastère, de 1 m. 263. Vous aurez de la sorte ou un stère, ou deux stères, ou cinq stères de bois, selon que vous vous serez servi d'une membrure représentant ou le stère, ou le double stère, ou le demi-décastère; et il ne vous restera plus qu'à payer à raison du prix par stère, dont il aura préalablement été convenu entre vous et le marchand.

Le procédé est simple, comme on le voit. Selon nous, il offre même plus de sécurité que tout autre système de mesurage. Nous espérons donc qu'un jour ou l'autre l'usage des mesures métriques de solidité deviendra aussi populaire que celui des autres mesures de la nomenclature légale. Un peu de bonne volonté et surtout un peu plus de bonne foi de la part des assujettis que cette question intéresse, et l'adoption d'une mesure administrative bien simple, suffiraient, à notre avis, pour amener ce résultat. Pour cela, il ne serait nullement nécessaire de modifier la législation actuelle sur ce point. Aux termes des règlements, les marchands de bois sont tenus, presque partout, d'avoir un minimum de mesures composé d'un stère, d'un double stère et d'un demi-décastère. La longueur de la sole entre les deux montants est fixée à 3 mètres pour le demi-décastère, à 2 mètres pour le double stère, et à 1 mètre pour le stère. Quant à la hauteur des montants des membrures de ces diverses mesures, elle est indéterminée; mais, pour que l'acheteur pût, à l'occasion, s'assurer que l'empilement du bois, dans l'une comme dans l'autre de ces mesures, a la hauteur mathématiquement exacte, le marchand pourrait être astreint d'afficher dans ses magasins un tableau dressé dans la forme de celui que nous avons tracé plus haut. Ce tableau, s'appliquant des bois les plus courts aux bois les plus longs dont le marchand fait le commerce, serait vérifié et parafé par le vérificateur des poids et mesures, au besoin par un des supérieurs de cet agent dans l'ordre administratif. De cette manière, on le comprend, les erreurs, non plus que les fraudes, ne seraient plus guère possibles, puisque l'acheteur trouverait dans ce tableau la sécurité que ses connaissances en arithmétique ne peuvent pas toujours lui procurer.

Quant à l'usage de vendre le bois au tas ou à la voiture, sans garantie aucune de volume, il ne pourrait être interdit, pas plus que celui de vendre une marchandise quelconque de cette manière. Cependant, le bon sens et la logique des choses devraient faire recourir les acheteurs à l'emploi de mesures et surtout de mesures légales, dans le mesurage des bois à brûler, aussi bien que dans la vente des autres denrées commerciales. En effet, lorsque l'apparence et le hasard règlent les traités, en l'absence de moyens plus exacts pour apprécier la grandeur de la matière qui en fait l'objet, l'acheteur est toujours à peu près sûr de ne pas recevoir la quantité réelle de marchandise dont il donne le prix: car il y a souvent gros à parier que le vendeur est bien mieux renseigné que l'acheteur sur la valeur de sa marchandise, que, bien certainement, il ne laisse jamais pour un prix quelconque qu'autant qu'il y trouve son avantage. L'usage des mesures équilibre donc les garanties: il y a donc avantage à y recourir; et dès l'instant qu'on emploie des mesures, il n'y a pas de raison pour repousser celles que la loi a établies.

Nous ajouterons que, hors le cas où il s'agit d'évaluer les bois de chauffage et de charpente, l'unité de solidité conserve partout ailleurs le nom de mètre cube. On l'emploie, sous cette dernière dénomination, pour la mesure des pierres, des sables, etc., avec des formes différentes qui n'ont pas encore été règlementées. Le mètre cube est aussi l'unité nécessaire dans l'évaluation des travaux de maçonnerie, de terrassements, etc.

LXI.

Mesurer des matières sèches.

Les grains et autres matières sèches, quand on ne les pèse pas, se mesurent, on le sait, soit avec des mesures en bois, soit avec des mesures en cuivre, soit enfin avec des mesures en tôle. La manière de procéder, la même dans l'usage de ces trois sortes de mesures, exige une certaine attention.

On conçoit que l'opération exprimera une quantité de matière plus ou moins grande, selon qu'en mesurant cette matière on aura plus ou moins brusqué la mesure qui la contient. C'est pourquoi le vendeur ne saurait, dans son intérêt, agir avec trop de précautions ; et, quand l'opération est confiée à un tiers, celui-ci doit y apporter tous ses soins et l'effectuer le plus consciencieusement possible, afin qu'aucune des parties n'en éprouve le moindre préjudice. Quant à l'acheteur, on en comprend le motif, il ne peut prendre part à l'opération qu'avec le consentement du vendeur.

Dans les halles, sur les marchés, pour plus de commodité, on place ordinairement les grains que l'on veut mesurer dans de grandes cuves en bois. Alors, saisissant d'une main par le haut et de l'autre par le rebord du fond la mesure, dont il tient l'orifice dirigé vers le bas, le mesureur la plonge obliquement dans la masse de grains, de manière à y en faire pénétrer le plus possible ; la relevant ensuite, il la place sur son fond, et achève de la remplir en y jetant le grain par jointées. Il passe enfin une radoire, ou règle en bois, sur les bords de la mesure, pour que la graine la remplisse exactement et pour faire tomber ce qui est de trop, de manière que la mesure soit exactement pleine à ras de bord. Il est bon de faire observer qu'il ne faut pas mettre d'intervalle après le remplissage de la mesure pour y passer la radoire, parce que le grain se tasse peu à peu, et que si l'on tardait trop, une mesure exactement pleine ne paraîtrait plus l'être un instant après.

Dans l'évaluation du prix des matières sèches, on prend indifféremment pour unité le double-décalitre et l'hectolitre.

LXII.

Mesurer un liquide.

Il n'y a aucune règle à prescrire sur ce point. Il suffit, il n'importe comment, de remplir la mesure du liquide à mesurer, jusqu'à ce que la surface de ce liquide coïncide parfaitement avec les bords de la mesure.

Cependant, quand on voudra procéder rigoureusement au mesurage d'un liquide donné, on en remplira la mesure jusqu'à ce qu'il s'élève un peu au-dessus du bord ; on passera ensuite une plume pour détacher l'air adhérent aux parois intérieures; après quoi on fera mouvoir sur la mesure un disque de glace, et on enlèvera avec une éponge tout le liquide surabondant que l'application du disque aurait fait refluer. On versera le contenu de la mesure dans le vase destiné à le recevoir; puis on recueillera avec l'éponge, préalablement purgée, le liquide qui sera resté attaché soit au disque, soit aux parois intérieures de la mesure, et on l'exprimera encore dans le vase où le contenu de la mesure a déjà été déposé.

Le litre et l'hectolitre seuls servent d'unités dans l'évaluation du prix des liquides, c'est-à-dire que la valeur de ceux-ci ne s'estime qu'à *tant* le litre ou à *tant* l'hectolitre.

Quelle que soit l'unité que l'on choisisse, il convient d'avoir l'attention, dans l'énonciation d'un nombre exprimant une quantité quelconque de graine ou de liquide, de ne prononcer qu'un seul nom ; ainsi, il vaut mieux lire, par exemple, 25 hectolitres 52 centièmes, ou 255 décalitres 20 centièmes, que 25 hectolitres 5 décalitres 2 litres, que 25 hectolitres 52 litres ; ou que 255 décalitres 2 litres 0 décilitre, que 255 décalitres 20 décilitres. Les gens habiles disent simplement 25 hectolitres 52, ou 255 décalitres 20.

LXIII.

Peser un corps.

Principes.

Peser un corps, c'est déterminer la pression qu'il exercice sur l'obstacle qui s'oppose à sa chute ; et c'est cette pression plus ou moins grande qui exprime le poids de ce corps (1).

Les instruments de pesage dont on se sert le plus communément pour peser les objets, sont de deux sortes, savoir : les *poids*, à la pesanteur desquels on compare celle des objets, et les *balances*, ou appareils servant à faciliter cette comparaison.

On est à peu près certain de l'exactitude des poids quand ils ont été vérifiés et poinçonnés ; mais il n'en est pas de même des balances. Aussi, en en expliquant l'usage, nous proposons-nous d'entrer dans quelques développements, relatifs aux conditions essentielles qu'elles doivent réunir pour être justes et régulièrement construites.

On distingue plusieurs espèces de balances, dont

(1) Dans le langage usuel, les mots pesanteur et poids sont souvent employés comme synonymes. La physique enseigne cependant que ce sont deux choses bien distinctes. La pesanteur se mesure par la vitesse qu'elle imprime à chaque molécule d'un corps qui tombe, et cette vitesse est indépendante du nombre des molécules; mais le poids d'un corps se mesure par l'effort qu'il faut faire pour soutenir ce corps et l'empêcher de tomber.

des principales sont : les balances proprement dites, ou *balances à bras égaux*, les *balances-bascules* et les *romaines*.

Balance à bras égaux.

La balance proprement dite est ce qu'on appelle en statique un levier du premier genre à bras égaux, qui sert à mettre en équilibre deux quantités égales de matière, de sorte que, connaissant le poids de l'une, on sait combien pèse l'autre.

Cet instrument se compose d'un fléau, dont la longueur est partagée en deux parties égales par un axe ; de deux bassins, suspendus aux extrémités des bras du fléau ; d'une chape qui sert d'appui à l'axe, où est le centre du mouvement ; enfin, une aiguille, adaptée au-dessus de l'axe entre les montants de la chape, et perpendiculairement au fléau, indique les mouvements des bassins quand elle s'incline à droite ou à gauche, et l'équilibre, dans le cas d'une position fixe suivant la direction de la chape, qui est toujours verticale.

Pour qu'une balance soit *juste*, c'est-à-dire pour qu'elle n'établisse l'équilibre qu'entre des corps égaux en masse, il faut que les deux bras aient la même longueur, la même direction, qu'ils soient uniformément pesants, et que les deux plateaux et les cordes ou chaînettes qui les supportent aient le même poids. Quand ces conditions ont lieu, le poids de la machine est détruit par le point fixe. S'il est difficile d'atteindre rigoureusement à cette perfection, on peut toutefois en approcher jusqu'à ce que l'erreur devienne assez petite, par rapport au corps que l'on pèse, pour qu'on puisse la négliger.

Une balance bien faite devant être très-mobile, il faut, dans sa construction, diminuer autant qu'il est possible le frottement, et conséquemment la pression au point d'appui. C'est pourquoi on fait très-léger le fléau des *balances d'essai*, où l'on a besoin d'une grande précision. C'est encore pour diminuer le frottement de l'axe, qu'on donne à sa partie inférieure la forme de couteau. Cette pratique est bonne; mais elle exige que l'endroit du trou sur lequel l'axe porte, soit comme lui fort dur, précaution sans laquelle il le creuserait avec le temps, ou il s'écraserait sur lui-même : ce qui nuirait à la sensibilité de la balance.

Il peut se faire qu'une balance, quoique fausse, paraisse bien construite, ce qui a lieu quand un des bras est plus court, mais aussi pesant que l'autre. Dans ce cas, un marchand qui aurait une de ces balances et qui voudrait tromper, n'aurait qu'à placer la marchandise du côté du bras le plus long: car il en faudrait moins pour enlever les poids placés de l'autre côté ; mais, pour faire tomber le fripon dans son propre piége, on n'aurait qu'à mettre la marchandise à la place des poids et les poids à la place de la marchandise.

La manière de se servir d'une balance est très-simple : elle consiste à placer d'abord sur un des plateaux l'objet dont on veut connaître le poids, et à mettre sur l'autre autant de poids qu'il en faut pour établir l'équilibre. S'il a fallu, par exemple, 1 kilog., 1/2 kilog. et 1/2 hectog., on dit que l'objet pèse 1 k° 55.

Pour se servir sans inconvénient d'une balance que l'on croit fausse, après avoir mis dans l'un des bassins des matières qui fassent équilibre à la marchandise placée dans l'autre bassin, on ôte la marchandise, et on met à sa place des poids connus, jusqu'à ce que l'équilibre soit rétabli. Il est clair que la somme de ces poids représente celui de la marchandise, puisqu'elle fait équilibre à la même masse, dans les mêmes circonstances. C'est ce procédé, dû à Borda, qui a reçu la dénomination de *méthode des doubles pesées*.

Il n'est pas indifférent de mettre sur une balance la marchandise avant les poids, ou les poids avant la marchandise, surtout lorsque la balance dont on dispose n'est pas douée d'une très-grande sensibilité. En effet, avec une balance peu sensible, en plaçant la marchandise avant les poids, l'inertie de l'instrument exigera l'emploi de poids supérieurs en somme au poids absolu du corps à peser, pour permettre à l'équilibre de s'établir. Ainsi, si l'on a une balance sensible à $\frac{1}{200}$ du poids d'une portée seulement, en la chargeant d'une denrée pesant exactement 50 kilogrammes, par exemple, on se verra obligé, pour ramener l'aiguille au milieu de la chape, d'ajouter à 50 k^{os} un supplément de poids qui sera, dans le cas particulier, de $\frac{50}{200}$ ou de 0 k^{o} 25. Ce sera donc de la marchandise pour autant que l'acheteur paiera sans la recevoir.

Il est vrai qu'étant donné un objet dont on demande le poids, on ne peut se dispenser d'agir ainsi. Mais si, conformément à ce que nous avons dit plus haut, le consommateur commence toujours par préciser la quantité de marchandise qu'il désire acheter, avant de s'occuper de ce qu'il aura à payer, le marchand se trouve nécessairement obligé de charger d'abord la balance des poids exprimant en totalité le poids de la marchandise demandée, avec laquelle il leur fera ensuite équilibre. En ce cas-là, la différence que nous signalions tout à l'heure sera à l'avantage de l'acheteur. Mais si, se conformant aux vœux de la loi, le vendeur a toujours à sa disposition des balances douées au moins de la sensibilité règlementaire, l'erreur dont il supportera le préjudice sera assez peu importante pour qu'il n'ait pas à en redouter les effets pécuniaires. Il trouvera même dans ce fait inévitable un motif de sécurité qu'il aurait gravement tort de dédaigner. Si, en effet, la marchandise qu'il a livrée venait, par qui de droit, à être vérifiée quant à la pesanteur, il n'aurait pas à redouter des poursuites bien autrement sérieuses dans leurs résultats, encore bien qu'il n'eût effectué la pesée qu'à *balance égale*, comme on dit vulgairement.

A la rigueur, le consommateur a son compte lorsque l'aiguille se confond parfaitement avec la chape; mais il est d'usage, dans le commerce de détail aussi bien que dans le commerce de gros, de faire, en pesant, ce qu'on nomme le *bon poids*, c'est-à-dire de charger la balance d'un complément de marchandise, de façon que l'instrument ait une tendance à être entraîné du côté opposé à celui où sont placés les poids.

Parmi les balances à bras égaux, on distingue les *balances de magasin* et les *balances de comptoir*. Aux termes du tarif annexé à l'ordonnance du 18 décembre 1825, maintenu par l'article 47 de l'ordonnance du 17 avril 1839, sont réputées balances de magasin, et indistinctement, toutes les balances dont les fléaux ont plus de 65 centimètres de longueur; et balances de comptoir, toutes celles de la plus petite dimension jusqu'à 65 centimètres.

Suivant les règlements d'administration publique, il appartient aux préfets de prescrire, pour leurs départements respectifs, la hauteur à laquelle doivent être suspendues au-dessus du sol les balances de magasin, et au-dessus de la table qui les supporte, les différentes balances de comptoir. Nous ne pouvons donc donner des indications générales à ce sujet. Mais le défaut de hauteur réglementaire des balances constitue une infraction que les agents du service des poids et mesures constatent partout où elle se produit, attendu que ce défaut de hauteur est, de la part de plusieurs assujettis, un fait ayant évidemment pour but de fausser l'opération du pesage. D'où il suit qu'il y a nécessité, pour tout marchand ou détaillant, de se tenir exactement au courant de ce qui se publie chaque année à cet égard dans le Recueil des actes administratifs du département où il a sa résidence (1).

Balance-bascule.

La construction de cet instrument est telle que la verge et la plate-forme qu'elle supporte, restent toujours horizontales dans leurs mouvements, que le poids que l'on met dans le plateau est constamment le *dixième* de celui qu'on place sur la plate-forme ou tablier, enfin que le poids du fardeau est indépendant du lieu qu'il occupe sur le tablier.

Cette ingénieuse balance est d'un usage très-commode dans les bureaux des douanes, des maisons de roulage, des directions de diligences, dans les gares des chemins de fer, et pour tout le commerce en général.

La première bascule autorisée par le gouvernement français porte le nom de *bascule-Quintenz*, ou *bascule de Strasbourg*. C'est encore aujourd'hui une des plus répandues. Cette sorte de balance est autorisée exclusivement dans le commerce en gros, et un arrêté ministériel du 28 août 1824 dit, article 4: « Les marchands en gros, négociants, fabri-« cants et autres, qui emploieront la balance-bascule « dans leur commerce, seront tenus d'avoir des « balances à bras égaux, et les poids nécessaires « aux pesées inférieures à 50 kilogrammes qu'exi-« gerait la nature de leurs opérations. » Il suit de

(1) Dans le département du Jura, il est enjoint à tous marchands ou débitants faisant usage de balances à bras égaux, de les tenir suspendues, savoir :

Balances de magasin, à 10 centimètres du sol;

Balances de comptoir, *grande portée*, dont le fléau a une longueur totale de 60 à 65 centimètres, à 4 centimètres de la table sur laquelle elles reposent;

Balances de comptoir, *moyenne portée*, à fléau de 35 à 60 centimètres, à 2 centimètres de la table;

Balances de comptoir, *petite portée*, qui ont un fléau de 35 centimètres et au-dessous, à 1 centimètre de la table.

là que le marchand ne peut faire usage de la bascule qu'autant que les pesées qu'il a à effectuer sont supérieures à 50 kilogrammes, sinon il doit employer la balance à bras égaux.

Pour se servir de la bascule, on commence par la tarer avec des grains de plomb que l'on jette dans la coupe fixée au-dessus du plateau, ou que l'on en retire, au besoin, jusqu'à ce que les deux index ou aiguilles soient en coïncidence parfaite. Cela fait, on place la marchandise sur le tablier, et les poids nécessaires sur le petit plateau, pour ramener les deux index en présence; et le produit de la somme de ces poids par 10 exprime exactement le poids de la marchandise. Ainsi, 8 k^{os} 45 sur le plateau correspondent précisément à 84 k^{os} 50 sur le tablier.

Romaine.

La romaine est un instrument qui fait en même temps fonction de balance et de poids. Le bras le plus long est divisé en plusieurs parties égales numérotées. Quand il y a équilibre, la division sur laquelle s'arrête le poids qu'on fait mouvoir sur la longueur de ce bras, indique le poids du corps suspendu à l'extrémité du bras le plus court.

L'équilibre, dans cet instrument, est indiqué, de même que pour la balance, par la position fixe de l'aiguille au milieu de la chape.

Bien que l'on soit parvenu, dans ces derniers temps, à donner aux romaines un très-grand degré de précision, elles ne sont pas tolérées pour le commerce en détail; encore faut-il, dans le commerce en gros, ne les admettre qu'avec la plus grande défiance, parce qu'elles sont sujettes à des altérations qu'il n'est pas toujours facile de découvrir au premier abord. Cependant, il y a des lieux où l'usage en est tellement établi, qu'il n'a pas encore été possible de leur substituer celui des balances à bras égaux.

Le chiffre de la plus forte portée de l'instrument doit être gravé sur le poids curseur, de même que sur le panier, lorsque la romaine en est munie. Cette précaution est nécessaire afin qu'on ne puisse donner à la romaine un poids curseur ou un panier plus lourd ou moins lourd, suivant les cas, que celui avec lequel elle a été étalonnée.

Autres instruments de pesage.

Indépendamment des balances à bras égaux, des bascules-Quintenz et des romaines, dont nous venons de parler, il existe d'autres instruments de pesage autorisés par le gouvernement et admis dans le commerce. Les principaux sont :

1° Les *balances-pendules*, les *peso-compteurs*, les *bascules-romaines*, les *bascules en l'air* et les *ponts à bascule* de MM. Béranger et Cie, balanciers à Lyon.

2e Les *balances françaises* de M. Valette, balancier à Paris.

3° Les balances *système Roberval* (1), ou *balances anglaises*, notamment celles de MM. Wimmerlin, Davignon, Fines, Vassel (2), Baillet et Godet, balan-

(1) Roberval (Gilles Person, Sr de), géomètre, né le 8 août 1602, à Roberval, village du diocèse de Beauvais, mort à Paris le 27 octobre 1675. Membre de l'Académie des sciences et professeur de mathématiques au Collège de France (1632).

(2). M. F. Vassel, balancier, rue Vendôme, 12, à Paris, a bien voulu nous communiquer la note suivante :

L'autorisation ministérielle de la *balance parallèle*, pour laquelle je suis breveté, date du 22 mai 1856.

Les avantages de cette balance se résument ainsi :

D'abord elle est plus grande, d'un numéro, que les *Roberval* ordinaires, ce qui me permet de donner à ma balance une grande mobilité : car vous n'ignorez pas que plus les bras d'un fléau sont longs, plus l'oscillation est facile.

Ensuite, par le moyen de deux contre-fléaux, ma balance se trouve parfaitement maintenue, et n'éprouve point les ballotements continuels de la *Roberval* ordinaire. Cette amélioration a été l'objet de remarques judicieuses au Comité des arts et manufactures.

Puis enfin, ces contre-fléaux, construits sans qu'il y ait de parties plates au bout, mais seulement des couteaux faisant absolu-

ciers à Paris; Barbaroux, balancier à Aix; Giraud, balancier à Bourg; Castinel et Bonnet, balanciers à Marseille.

4° Les *voitures-balances*, destinées au pesage du bois de chauffage, et de l'invention de M. Frèche, mécanicien à Paris.

5° Les *balances-bascules modifiées ou perfectionnées*, de MM. Maag, mécanicien à Lyon; Barbaroux, mécanicien à Aix; Cesbron, balancier à Villefranche; et Bidault, balancier à Paris.

Observations.

Dans l'évaluation du poids des corps, on prend généralement le kilogramme pour unité principale. Suivant le principe plusieurs fois rappelé, d'après lequel on évite, avec raison, de prononcer plusieurs noms dans l'énonciation d'un nombre décimal exprimant des unités métriques, et dans lequel on considère un multiple quelconque comme unité principale, on doit exprimer par dixièmes, par centièmes ou par millièmes de kilogramme la partie à droite de la virgule d'un nombre résultant de l'ap-

ment les fonctions de fléau supérieur, ne peuvent éprouver aucun frottement, ni, par conséquent, donner de la dureté aux mouvements, ce qui est, dans la *Roberval* ordinaire, un vice adhérent au système primitif.

Et en dernier lieu, au lieu que ce soit la colonne de suspension qui vienne poser sur le socle, ce qui cause dans les balances ordinaires la variation dans les pesées lorsqu'on place les poids sur l'extrémité des plateaux, c'est, dans la *parallèle*, le fléau qui vient se poser sur un petit support que je nomme *butoir*; de sorte que la colonne de communication, nommée par moi *parallélogramme*, ne faisant plus aucune fonction, puisqu'elle ne fait qu'effleurer le socle sans le toucher, on peut impunément placer les pesées sur les bords des plateaux, sans nuire ni à la régularité ni à l'oscillation de la balance.

Par conséquent, tous les vices que l'on reprochait à la *Roberval* (vices qui, joints à la mauvaise confection causée par la concurrence, avaient mis son existence en péril), se trouvent supprimés dans la *parallèle;* aussi est-elle regardée aujourd'hui, avec juste raison, comme la meilleure de tous les systèmes connus à portée supérieure, et sa supériorité incontestable lui a-t-elle mérité dernièrement d'être admise au Conservatoire des arts et métiers, dans la galerie des modèles types.

préciation du poids d'un objet. Ainsi, on dira mieux qu'un colis, par exemple, pèse 85 kilogrammes 50 centièmes, ou simplement 85 kilogrammes 50, que 85 kilogrammes 5 hectogrammes; qu'un autre pèse 240 kilogrammes 125 millièmes, ou simplement 240 kilogrammes 125, que 240 kilogrammes 1 hectogramme 2 décagrammes 5 grammes, ou même que 240 kilogrammes 125 grammes.

Le gramme n'est pris pour unité que dans la détermination du poids d'objets précieux, dans la pratique des arts qui réclament le plus de précision, comme ceux du lapidaire, de l'orfèvre, du bijoutier, etc., où les pierres fines, les diamants et les métaux précieux sont souvent employés, et principalement encore celui du pharmacien, par rapport à la composition des remèdes qu'il prépare.

Pour énoncer des nombres décimaux dans lesquels le gramme est pris pour unité principale, on peut énoncer la partie à droite de la virgule, en prononçant à la fin le nom qui appartient, dans la nomenclature légale, aux unités exprimées par le dernier chiffre.

Ainsi, pour énoncer, par exemple, 25 gram. 4; 2 gr. 14; 0 gr. 904, il n'est pas besoin de lire 25 grammes 4 dixièmes; 2 grammes 14 centièmes; 0 grammes 904 millièmes. On énonce mieux 25 grammes 4 décigrammes; 2 grammes 14 centigrammes; 0 gramme 904 milligrammes; de même qu'on énoncerait 25 mètres 4 décimètres; 2 francs 14 centimes, etc.

L'attention de ne prononcer qu'un nom de la nomenclature métrique dans l'énonciation d'un nombre qui exprime des mesures décimales, n'est donc recommandée que lorsqu'un multiple quelconque est considéré comme unité principale.

Le poids des fourrages s'exprime par quintaux métriques. Dans la marine, le cabotage et la batellerie fluviale, les chargements des navires, canots et bateaux, s'évaluent en tonneaux de mer.

LXIV.

Conclusions pratiques.

Le système légal des poids et mesures a fait de très-grands progrès depuis son établissement en France. C'est là un fait incontestable. Mais, de ce que nous avons dit précédemment que les unités décimales sont généralement d'usage aujourd'hui dans les transactions, il ne faudrait pas conclure qu'il ne reste plus rien à faire à ce sujet, ou, seulement, qu'il n'y ait plus qu'à laisser au temps le soin de compléter ce que nous appellerons la grande œuvre de l'Assemblée constituante. Ce serait là bien certainement une grave erreur. Si nous avons parlé de progrès, ce n'est que dans un sens relatif, s'entend. Les obstacles que présentait une innovation comme celle de la création du système métrique, ne permettraient pas de prendre ce mot dans un sens absolu. On ne rompt pas, d'ailleurs, aussi facilement qu'on pourrait le croire, avec les traditions populaires, surtout lorsque, comme celles qu'il s'agissait d'anéantir, elles remontent, par leur origine, aux temps les plus reculés de la monarchie. Les peuples, comme les individus, perdent difficilement l'empreinte du milieu dans lequel ils ont grandi et se sont développés. Aussi doit-on s'attendre, en dépit de toutes les mesures législatives, à rencontrer encore, pendant bien des années, des traces des systèmes imparfaits de poids et mesures que la société moderne a répudiés. La tâche de l'administration est donc loin d'être entièrement terminée. L'action officieuse des hommes sincèrement dévoués au bien public, ne cessera pas de longtemps non plus d'être nécessaire à l'œuvre éminemment nationale du développement du système décimal.

La loi peut bien contraindre le commerce public et le langage officiel à n'employer que des mesures légales, et à ne pas s'écarter des dénominations scientifiques. Aussi est-ce là surtout qu'il y a progrès. Mais la loi n'a et ne peut avoir aucune influence sur les actes particuliers ni sur la langue usuelle. Aussi, par contre, est-ce de ce côté que le développement du système métrique laisse à désirer.

C'est donc à détruire l'ascendant du discours sur les idées qu'il représente, et à bannir des opérations privées l'usage de l'ancien système, que doivent tendre tous les efforts des personnes animées des mêmes sentiments que nous.

Nous comptons beaucoup, pour cet objet, sur le zèle et sur la capacité des instituteurs communaux; Nous n'en voulons pour preuve que le concours actif et intelligent qu'ils ont prêté jusqu'aujourd'hui à l'administration, en cette circonstance. Mais, pour que leur intervention soit plus efficace qu'auparavant, il sera nécessaire qu'ils modifient leur enseignement : car, nous devons le dire, la collaboration de ces honorables fonctionnaires n'a pas été partout féconde en résultats. Nous ajouterons pourtant que notre intention n'est point d'en faire retomber la faute sur eux, parce que, si leurs consciencieux travaux n'ont pas été partout couronnés de succès, cela tient uniquement, selon nous, à ce qu'il n'a pas été possible jusqu'alors de mettre à leur disposition les moyens les plus propres à assurer le triomphe de l'institution nouvelle, qu'ils ont mission de propager, sur l'esprit de routine, que nous combattons avec eux. Nous allons voir ce qu'il aurait fallu faire, ou plutôt ce qu'il conviendrait de faire à l'avenir à cet égard.

« Dès que les nouveaux étalons seront parvenus « aux administrations du district, dit l'article 8 de « la loi du 1er août 1793, toutes les municipalités « de chaque district seront tenues de faire construire « des instruments de mesures et de poids qui res- « teront déposés à la maison commune. »

Or, depuis 1793, l'administration n'a pas discontinué ses sollicitations auprès des conseils municipaux, à l'effet de les déterminer à voter les fonds nécessaires à l'achat de ces poids et mesures, devant, suivant l'intention du législateur, servir, d'une part, à faciliter aux autorités locales la surveillance qui leur est imposée par la loi, et, de l'autre, à fournir aux instituteurs primaires le seul moyen de rendre réellement pratiques et véritablement efficaces leurs leçons sur le système des poids et mesures décimaux. Cependant il est regrettable que, dans un grand nombre de localités, il n'ait pas encore été possible de distraire de la caisse municipale la somme nécessaire à l'achat des principaux instruments dont il s'agit. Mais ce fait est regrettable surtout au point de vue des avantages dont les instituteurs sont privés pour communiquer à leurs élèves des connaissances de la plus fréquente application, et, partant, de la plus grande utilité.

En effet, à défaut d'étalons des instruments de pesage et de mesurage, l'instituteur, pour enseigner le système décimal, se contente ordinairement d'apprendre à ses élèves les noms et la valeur des unités métriques, dans l'impossibilité qu'il est de leur mettre sous les yeux ces unités, ainsi que leurs composés et sous-multiples, tels qu'ils servent aux opérations du commerce.

Tout le monde sait aujourd'hui à quoi s'en tenir au sujet d'un enseignement théorique que la pratique n'a pas fortifié. Les jeunes gens, dans l'impossibilité absolue, faute d'exercice, de faire d'eux-mêmes l'application de ce qu'ils ont appris du système métrique sur les bancs des écoles, négligent et oublient bien vite cette partie de leurs connaissances élémentaires; et, si, autour d'eux, les besoins de l'industrie et de l'économie domestique sont encore exprimés à l'aide des anciennes mesures, ils se voient nécessairement obligés de s'attacher eux-mêmes à ces anciennes mesures, lorsque, par leur âge ou par leur position, ils sont appelés à prendre une part active au mouvement industriel et commercial de la société.

Si, au contraire, l'instituteur a les principaux étalons métriques à sa disposition :

Avec un mètre, il fait mesurer une pièce de toile, qu'on suppose être un tissu quelconque et du prix que l'on veut ; il fait mesurer la surface d'un plancher, d'un champ, etc. ; le volume d'un bloc de pierre, d'un ouvrage de maçonnerie, etc.

Avec des mesures en étain, il fait mesurer de l'eau, qu'on suppose aussi un liquide quelconque et du prix qu'on juge convenable.

Avec une balance et des poids, il fait peser toutes sortes d'objets.

Avec des membrures, représentant les mesures de solidité adaptées au bois de chauffage, il fait mesurer des bois de toutes les longueurs possibles; etc., etc., etc.

Suivant ses inspirations, il combine, il varie, il multiplie les opérations, cherchant toujours, autant qu'il est permis, à les appliquer aux faits locaux. A chacune de ces opérations, il suppose un acheteur et un vendeur, ou un ouvrier et un propriétaire; et, aussitôt qu'elle est effectuée, il fait déterminer par le calcul, au tableau noir, sous les yeux de tous, ce que le vendeur doit recevoir pour sa marchandise, ou l'ouvrier pour son travail ; etc., etc.

Il est inutile de dire, pensons-nous, les avantages immenses qui doivent évidemment résulter d'un enseignement reposant ainsi sur la pratique, le maniement d'objets réels, visibles, palpaples, appliqués à des opérations d'une utilité effective et journalière. On le comprend, des connaissances ainsi acquises doivent rester profondément gravées dans la mémoire des jeunes gens. Il n'y a, dès lors, plus de danger que ceux qui les possèdent les oublient jamais pour s'attacher à un système qu'ils ignorent, et qu'ils tourneraient en ridicule s'ils le connaissaient ensuite. Devenus habiles à exécuter tous les calculs, à saisir promptement les combinaisons variées du nouveau système de poids et mesures, ils font volontiers le sacrifice de la routine, et, entrés en relations avec les personnes de leur âge, ils apprécient bien vite l'excellence du système actuel, que leur exemple propage autour d'eux.

Un des meilleurs moyens de développer avec succès le système métrique, serait donc de munir toutes les mairies des étalons de poids et mesures légaux, laissant à l'instituteur la faculté d'en disposer pour l'objet dont nous venons de parler.

« On s'est peut-être exagéré jusqu'ici l'importance des frais d'achat d'instruments, dit M. le « Préfet du Jura dans sa circulaire aux Maires du « département, en date du 15 avril 1857. — Il ne faut « pas perdre de vue que l'assortiment-modèle peut « être restreint aux principales unités du système. « — D'un autre côté, des renseignements que je « dois tenir pour exacts, font connaître que les « communes rurales se procureraient l'essentiel « avec une somme de 50 francs, et que 100 francs « suffiraient pour un chef-lieu de canton. Ces chiffres « n'ont rien d'exagéré, et je me plais à croire que « les conseils municipaux s'empresseront de voter « les crédits que vous serez dans le cas de leur « demander, pour répondre aux vœux de l'Administration supérieure. »

Partout on convient assez de l'avantage qu'il y aurait à donner suite à ces vœux, qui sont aussi les nôtres. Mais, presque partout aussi, on allègue l'insuffisance des resssources communales ; et aux frais pourtant si minimes qu'occasionnerait l'achat de ces étalons, on oppose les dépenses auxquelles entraînent des besoins incontestablement plus pressants. A cela, nous n'avons rien à répondre. Cependant nous désirerions qu'il se rencontrât dans chacune des communes faisant difficilement face, avec leurs ressources ordinaires, aux dépenses de première nécessité, des personnes assez bien inspirées pour acquérir de leurs propres deniers les instruments dont il est question, et en doter leur municipalité. Puisse ce désir être compris, et notre faible voix trouver de l'écho dans les cœurs patriotiques et généreux, qui, certes, ne font pas encore défaut dans notre pays !

HUITIÈME PARTIE.

PÉNALITÉ.

LXV.

Considérations générales.

Un homme d'esprit, qui s'était occupé avec grand succès d'affaires commerciales, disait souvent que si la bonne foi était l'âme du commerce, elle n'était pas toujours dans l'âme du commerçant.

Cette réflexion, qu'il faudrait bien se garder de généraliser, ne s'applique pas plus au temps présent qu'au temps passé. De tout temps, à côté du commerçant honnête, qui exerce sa profession avec conscience et loyauté, le marchand de mauvaise foi a tenté de tromper l'acheteur sur la quantité ou sur la qualité de l'objet vendu. De tout temps aussi, la législation s'est attachée à réprimer ces fraudes, d'autant plus odieuses qu'elles s'attaquent d'ordinaire à la subsistance du pauvre, et menacent souvent la santé publique. La Bible les condamne avec une énergique simplicité : « Avoir deux poids est « une abomination aux yeux du Seigneur ; la ba-« lance trompeuse n'est pas bonne. » (Proverbes, chapitre xx, verset 23.)

Une loi romaine assimile au vol l'usage de faux poids. (*Digestes, de Fortis,* L. 52 § 22.)

Les dispositions législatives sur les fraudes commerciales, sont très-nombreuses dans notre ancien droit français. Elles sont pour la plupart relatives à telle ou telle profession, et principalement à la fabrication ou au mélange des boissons. C'est ainsi que, dans les statuts donnés aux brasseurs par Étienne Boileau, prévôt de Paris, sous le règne de saint Louis, on trouve l'interdiction d'employer certaines matières, telles que piment ou résine, parce que « *li preudhome du mestier dient que telles choses ne sont pas bonnes ne loyant, quar elles sont mauvaises au chief et au corps, aux malades et aux sains.* » Les peines édictées contre les coupables se ressentent de la rudesse des temps et de l'arbitraire de la législation criminelle. Le boulanger, le boucher, le charcutier, le débitant de boisson sont punis, « selon le degré de malice, » comme dit Muyart de Vouglans, de la fustigation, du bannissement et même de la mort. Mornac cite un arrêt par lequel un charretier, convaincu d'avoir gâté le vin qu'il conduisait, fut condamné au fouet dans les carrefours de la ville et à une amende. Il ajoute qu'il fut déclaré par le premier président, lors de cet arrêt, que désormais tous les voituriers qui tomberaient dans le même cas, seraient punis de la potence.

Cette décision appartient évidemment à un temps où la potence était un moyen de gouvernement et de moralisation beaucoup trop employé; et le parlement, dans son zèle pour la pureté du vin, faisait trop bon marché de la vie des hommes. *Je ne vois pas, pour moi, que le cas soit pendable.*

Cette législation arbitraire et cruelle subsista jusqu'à la Révolution.

L'Assemblée constituante la fit disparaître avec beaucoup d'autres monuments de la barbarie. Il faut lui en savoir gré, au nom de l'intérêt public, autant qu'au nom de l'humanité. Il est évident, en effet, que de pareilles lois devaient être inefficaces à force d'être cruelles, et que le seul moyen de réprimer les fraudes commerciales était de les frapper de peines que la conscience du juge ne se refusât pas à appliquer. La loi du 19 juillet 1791 punit d'une amende de 1,000 livres au plus, et d'un emprisonnement pouvant s'élever jusqu'à une année, toute personne convaincue d'avoir falsifié des boissons par des matières nuisibles à la santé ; d'un autre côté, elle frappa tout individu convaincu d'avoir exposé en vente des comestibles gâtés, corrompus ou nuisibles, d'une amende égale au tiers de la contribution mobilière du délinquant.

Depuis cette époque, le Code pénal a toujours puni ces délits ; mais les dispositions consacrées à leur répression présentaient des lacunes et des imperfections, à l'abri desquelles la fraude pouvait, dans certains cas, se produire avec impunité.

Ainsi, la falsification des boissons à l'aide de substances non nuisibles à la santé, n'était punie que d'une amende de 6 à 10 fr., peine évidemment insuffisante. Quant à la falsification des substances solides, elle n'était considérée comme un délit qu'autant qu'elle changeait la nature de l'objet vendu ; quand elle ne faisait qu'en altérer la qualité, elle n'était pas punie. De là, pour le juge, une fâcheuse alternative : ou il restait impuissant en présence de faits évidemment coupables, ou il était entraîné à forcer le sens de la loi pour ne pas les laisser impunis.

Cet état de choses avait déterminé, dès 1838, une pétition adressée à la Chambre des députés, et ayant pour objet de faire réglementer à nouveau cette matière spéciale. La presse, de son côté, s'attacha à démontrer la nécessité d'une réforme, et ne cessa de la réclamer. Enfin, l'Assemblée constituante de 1848 fut saisie d'une proposition qui provoqua des études, et eut pour résultat la promulgation des lois des 27 mars 1851 et 5 mai 1855.

Avant la loi de 1851, la falsification de substances alimentaires, la détention de faux poids et de fausses mesures, la détention de substances alimentaires ou médicamenteuses falsifiées ou corrompues, étaient classées parmi les simples contraventions. Au point de vue de la sécurité publique, ce système avait un avantage : une fois la contravention constatée, aucune excuse n'était admissible; car tel est le caractère de la contravention dans notre droit pénal : elle est un fait matériel, qui, une fois prouvé, doit être puni, sans qu'il y ait lieu de rechercher si l'intention de l'auteur du fait a été coupable ou innocente. Mais cet avantage était compensé par un inconvénient : la peine était trop minime. Souvent, d'ailleurs, il était fâcheux que le juge fût obligé de l'appliquer à des faits évidemment non coupables. Cette aveugle répression perdait par là toute autorité morale, et le marchand condamné pour faits de fraudes ne se regardait pas plus gravement atteint dans sa considération, que le locataire puni de l'amende pour avoir secoué ses tapis par les fenêtres.

La loi de 1851 a fait de ces infractions des délits. L'amende et la prison sont les peines qu'elle leur applique. Elle admet les prévenus à faire valoir les excuses qu'ils peuvent avoir à présenter. Mais les tribunaux se montrent, en général, très-sévères et à bon droit, quant à l'admission de ces excuses. A en juger par les condamnations qu'enregistrent quotidiennement les journaux, l'influence moralisatrice de la loi de 1851 ne s'est pas encore fait sentir d'une manière bien efficace. C'est qu'elle a à lutter contre les plus étranges aberrations du sens moral.

Rien n'égale la surprise d'un certain nombre d'industriels, en entendant condamner les manipulations dont ils s'étaient fait une douce et productive habitude. Vendre de la chicorée pour du café, et de l'eau pour du lait, leur paraît un droit incontestable. Ils se croient suffisamment justifiés en disant que leurs mélanges sont inoffensifs. Suivant eux, l'acheteur doit être parfaitement satisfait, pourvu qu'ils ne l'empoisonnent pas. Nous les engageons à méditer la loi de 1851, qui leur prouvera que l'Assemblée législative n'a pas cru devoir consacrer cette opinion.

Pour nous, nous allons nous attacher à en expliquer les dispositions, mais seulement en ce qui concerne la spécialité de ce livre, c'est-à-dire pour ce qui a rapport à la détention de faux poids et de fausses mesures, à la tentative de délit de tromperie, et à la consommation du délit de tromperie sur la quantité.

LXVI

Extrait du Code pénal.

ART. 142. Ceux qui auront contrefait les marques destinées à être apposées, au nom du gouvernement, sur les diverses espèces de denrées ou marchandises, ou qui auront fait usage de ces fausses marques ;

Ceux qui auront contrefait le sceau, timbre ou marque d'une autorité quelconque, ou d'un établissement particulier de banque ou de commerce, ou qui auront fait usage des sceaux, timbres ou marques contrefaits, seront punis de la réclusion.

ART. 143. Sera puni de la dégradation civique, quiconque, s'étant indûment procuré les vrais sceaux, timbres ou marques ayant l'une des destinations exprimées en l'article 142, en aura fait une application ou un usage préjudiciable aux droits ou intérêts de l'État, d'une autorité quelconque, ou même d'un établissement particulier.

ART. 163. L'application des peines portées contre ceux qui ont fait usage de monnaies, billets, sceaux, timbres, marteaux, poinçons, marques et écrits faux, contrefaits, fabriqués ou falsifiés, cessera toutes les fois que le faux n'aura pas été connu de la personne qui aura fait usage de la chose fausse.

ART. 164. Il sera prononcé contre les coupables une amende dont le *maximum* pourra être porté jusqu'au quart du bénéfice illégitime que le faux aura procuré, ou était destiné à procurer aux auteurs du crime, à leurs complices ou à ceux qui ont fait usage de la pièce fausse. Le *minimum* de cette amende ne pourra être inférieur à 100 francs.

Art. 423. Quiconque aura trompé l'acheteur sur le titre des matières d'or et d'argent, sur la qualité d'une pierre fausse vendue pour fine, sur la nature de toute marchandise ; quiconque, par usage de faux poids ou de fausses mesures, aura trompé sur la quantité des choses vendues, sera puni de l'emprisonnement pendant trois mois au moins, un an au plus, et d'une amende qui ne pourra excéder le quart des restitutions et dommages-intérêts, ni être au-dessous de 50 francs. Les objets du délit, ou leur valeur, s'ils appartiennent encore au vendeur, seront confisqués. Les faux poids et les fausses mesures seront aussi confisqués, et de plus seront brisés.

Art. 424. Si le vendeur et l'acheteur se sont servis, dans leurs marchés, d'autres poids ou d'autres mesures que ceux qui ont été établis par les lois de l'Etat, l'acheteur sera privé de toute action contre le vendeur qui l'aura trompé par l'usage de poids ou de mesures prohibés ; sans préjudice de l'action publique pour la punition tant de cette fraude que de l'emploi même des poids et des mesures prohibés.

Art. 471. Seront punis d'une amende depuis un franc jusqu'à cinq francs inclusivement, ... 15° : Ceux qui auront contrevenu aux règlements légalement faits par l'autorité administrative, et ceux qui ne se seront pas conformés aux règlements ou arrêtés publiés par l'autorité municipale, en vertu des articles 3 et 4, titre XI, de la loi du 16-24 août 1790, et de l'article 46, titre 1er, de la loi du 19-22 juillet 1791.

Art. 479. Seront punis d'une amende de onze à quinze francs inclusivement, ... 5° : Ceux qui auront de faux poids ou de fausses mesures dans leurs magasins, boutiques, ateliers ou maisons de commerce, ou dans les halles, foires ou marchés ; sans préjudice des peines qui seront prononcées par les tribunaux de police correctionnelle contre ceux qui auraient fait usage de ces faux poids ou de ces fausses mesures ; 6° : Ceux qui emploieront des poids ou des mesures différents de ceux qui sont établis par les lois en vigueur ; les boulangers et bouchers qui vendront le pain ou la viande au-delà du prix fixé par la taxe légalement faite et publiée.

Art. 480. Pourra, selon les circonstances, être prononcée la peine d'emprisonnement pendant cinq jours au plus, ... 2° : Contre les possesseurs de faux poids et de fausses mesures ; 3° : Contre ceux qui emploient des poids ou des mesures différents de ceux que la loi en vigueur a établis ; contre les boulangers et bouchers, dans les cas prévus par le n° 6 de l'article précédent.

Art. 481. Seront de plus saisis et confisqués, 1° : les faux poids, les fausses mesures, ainsi que les poids et les mesures différents de ceux que la loi a établis.

Art. 482. La peine d'emprisonnement pendant cinq jours aura toujours lieu, pour récidive, contre les personnes et dans les cas mentionnés en l'article 479.

Art. 483. Il y a récidive dans tous les cas prévus par le présent livre, lorsqu'il a été rendu contre le contrevenant, dans les douze mois précédents, un premier jugement pour contravention de police commise dans le ressort du même tribunal.

L'article 463 du présent Code sera applicable à toutes les contraventions ci-dessus indiquées.

LXVII.

Loi du 27 mars 1851.

L'Assemblée nationale a adopté la loi dont la teneur suit :

Art. 1er. Seront punis des peines portées en l'article 423 du Code pénal.

1° Ceux qui falsifieront des substances ou denrées alimentaires ou médicamenteuses destinées à être vendues ;

2° Ceux qui vendront ou mettront en vente des substances ou denrées alimentaires ou médicamenteuses qu'ils sauront être falsifiées ou corrompues ;

3° Ceux qui auront trompé ou tenté de tromper, sur la quantité des choses livrées, les personnes auxquelles ils vendent ou achètent, soit par l'usage de faux poids ou de fausses mesures, ou d'instruments inexacts servant au pesage ou au mesurage ; soit par des manœuvres ou procédés tendant à fausser l'opération du pesage ou mesurage, ou à augmenter frauduleusement le poids ou le volume de la marchandise, même avant cette opération ; soit, enfin, par des indications frauduleuses tendant à faire croire à un pesage ou mesurage antérieur et exact.

Art. 2. Si, dans les cas prévus par l'article 423 du Code pénal ou par l'article 1er de la présente loi, il s'agit d'une marchandise contenant des mixtions nuisibles à la santé, l'amende sera de cinquante à cinq cents francs, à moins que le quart des restitutions et dommages-intérêts n'excède cette dernière somme ; l'emprisonnement sera de trois mois à deux ans.

Le présent article sera applicable, même au cas où la falsification nuisible serait connue de l'acheteur ou consommateur.

Art. 3. Sont punis d'une amende de seize francs à vingt-cinq francs, et d'un emprisonnement de six jours à dix jours, ou de l'une de ces deux peines seulement, suivant les circonstances, ceux qui, sans motifs légitimes, auront dans leurs magasins, boutiques, ateliers ou maisons de commerce, ou dans les halles, foires ou marchés, soit des poids ou mesures faux, ou autres appareils inexacts servant au pesage ou au mesurage, soit des substances alimentaires ou médicamenteuses qu'ils sauront être falsifiées ou corrompues.

Si la substance falsifiée est nuisible à la santé, l'amende pourra être portée à cinquante francs et l'emprisonnement à quinze jours.

Art. 4. Lorsque le prévenu convaincu de contravention à la loi présente ou à l'article 423 du Code pénal, aura, dans les cinq années qui ont précédé le délit, été condamné pour infraction à la présente loi ou à l'article 423, la peine pourra être élevée jusqu'au double du maximum; l'amende prononcée par l'article 423 et par les articles 1 et 2 de la présente loi, pourra même être portée jusqu'à mille francs, si la moitié des restitutions et dommages-intérêts n'excède pas cette somme; le tout sans préjudice de l'application, s'il y a lieu, des articles 57 et 58 du Code pénal.

Art. 5. Les objets dont la vente, usage ou possession constitue le délit, seront confisqués, conformément à l'article 423 et aux articles 477 et 481 du Code pénal.

S'ils sont impropres à cet usage, ou nuisibles, les objets seront détruits ou répandus, aux frais du condamné. Le tribunal pourra ordonner que la destruction ou effusion aura lieu devant l'établissement ou le domicile du condamné.

Art. 6. Le tribunal pourra ordonner l'affiche du jugement dans les lieux qu'il désignera, et son insertion intégrale ou par extrait dans tous les journaux qu'il désignera, le tout aux frais du condamné.

Art. 7. L'article 463 du Code pénal sera applicable aux délits prévus par la présente loi.

Art. 8. Les deux tiers du produit des amendes sont attribués aux communes dans lesquelles les délits auront été constatés.

Art. 9. Sont abrogés, les articles 475 § 14, et 479 § 5 du Code pénal.

Par décret du 14 septembre 1851, la loi du 27 mars 1851 a été promulguée en Algérie, et rendue applicable dans la colonie à partir de cette promulgation.

Suivant la loi du 5 mai 1855, les dispositions de la loi du 27 mars 1855 sont applicables aux boissons.

Enfin, par décret du 6 octobre 1855, la loi du 5 mai 1855 a été déclarée exécutoire en Algérie, et y a été promulguée à la suite de ce décret.

LXVIII.

Détention de faux poids et de fausses mesures.

La loi du 27 mars 1851, dont nous avons donné plus haut le texte, punit d'une amende de seize francs à vingt-cinq francs et d'un emprisonnement de six à dix jours, ou de l'une de ces deux peines seulement : « ceux qui, sans motifs légitimes, au-« raient dans leurs magasins, boutiques, ateliers « ou maisons de commerce, ou dans les halles, « foires ou marchés, des poids ou mesures faux, « ou autres appareils inexacts servant au pesage ou « mesurage. » (Art. 3.)

Ce fait était auparavant puni comme simple contravention, par l'art. 479, n° 5, du Code pénal, dont nous avons aussi donné plus haut le texte; mais alors il ne pouvait être excusé, le principe général de nos lois répressives étant, comme nous l'avons déjà dit, que toute contravention est punissable du moment où le fait qui la constitue est établi.

Reconnaissant qu'un tel fait pouvait être excusé dans certains cas, comme dans celui où le détenteur d'un instrument en ignore le vice, ou comme dans celui où il prétend trouver une excuse dans l'usage général, auquel il a cru pouvoir se conformer, le législateur a donné au prévenu le droit de se justifier. Mais après avoir accordé ce droit, on devait se montrer plus sévère à l'égard de celui qui ne pouvait parvenir à s'excuser. C'était logique. La détention non excusée de faux instruments de pesage ou de mesurage ayant très-probablement pour but, lors de la vente, de tromper sur la quantité de marchandise, cette infraction devait être élevée à la hauteur d'un délit, et réprimée par une peine correctionnelle.

« Si l'on a, dit M. Riché dans son rapport, des « poids et mesures faux, c'est-à-dire trompeurs, à « portée du siége de la vente, cette possession, « punie aujourd'hui de peines de simple police, a « paru à votre commission devoir être réprimée « un peu plus sévèrement. Elle n'est pas, sans « doute, mise sur la même ligne que l'usage des faux « poids ; mais elle est le dangereux véhicule de cet « usage, et ne s'explique guère que comme préli« minaire de cet usage ; en le frappant, on pré« viendra souvent cet usage, difficile à saisir. »

Il résulte, selon nous, du texte et de l'esprit de l'art. 3, que c'est au prévenu à établir sa justification, c'est-à-dire les motifs légitimes d'une détention justement regardée comme suspecte. Car, lorsqu'un marchand est surpris en possession de faux poids ou de fausses mesures, cela doit évidemment faire présumer qu'il compte en faire usage pour tromper sur la quantité de marchandise, faire présumer, en un mot, qu'il est de mauvaise foi. C'est à la défense à prouver le contraire.

Du reste, il existe bien rarement des motifs légitimes d'excuse.

La loi ayant voulu éviter toute possibilité de frauder, ce ne serait pas une excuse pour un marchand, poursuivi pour détention d'instruments de pesage ou de mesurage inexacts, de prétendre qu'à chaque pesée il tient compte à l'acheteur de la différence résultant de l'irrégularité de l'appareil employé. La cour de Bourges l'a ainsi décidé par arrêt du 9 avril 1853, arrêt approuvé avec raison sans réserve par M. Dalloz.

Il importe peu que le poids faux, ou inexact,

selon l'addition faite par la loi du 27 mars 1851, appartienne à l'ancien système. Ainsi, lorsqu'un poids à l'ancien système (une livre) saisi chez un marchand se trouve être inexact, il y a lieu d'appliquer les peines correctionnelles édictées par l'article 3 de la loi précitée, contre toute détention de faux poids, sans distinction entre l'ancien et le nouveau système. La cour d'Orléans l'a ainsi décidé par arrêt du 10 novembre 1852.

Mais si la loi a voulu punir sévèrement la détention de poids et mesures faux, sans distinction entre l'ancien et le nouveau système, elle n'a pas entendu pour cela frapper comme un délit la détention de poids et mesures seulement *irréguliers*, *illégaux*, ou *non prononcés*. « Attendu, dit sur ce point important la cour de cassation dans un arrêt du 26 « août 1852, que si l'article 3 de la loi du 27 mars « 1851 prononce des peines correctionnelles contre ceux qui, sans motifs légitimes, auront dans « leurs magasins, boutiques, ateliers ou maisons « de commerce, ou dans les halles, foires et marchés, des poids et mesures faux, et si l'art. 9 de « la même loi déclare abrogé l'art. 479, n° 5, du « Code pénal, ces dispositions ont pour objet, non « de faire observer le système métrique, mais de « réprimer les fraudes dans les ventes de marchandises. Attendu qu'il en résulte que la simple détention de mesures non décimales ou de mesures « décimales non poinçonnées par l'administration, « assimilée à leur emploi par l'article 4 de la loi « du 4 juillet 1837, rentre dans l'application du n° « 6 de l'article 479 du Code pénal. »

Pour bien comprendre la signification de cet arrêt, il ne faut pas perdre de vue que la jurisprudence antérieure à la loi de 1851 considérait comme faux, dans le sens de l'article 479 du Code pénal, les poids et mesures anciens dont l'usage était prohibé, et les poids et mesures légaux non revêtus de la marque de la vérification.

« Ces fictions, qui n'auraient pas dû être admi-
« ses en matières pénales, dit M. Dalloz, doivent « être complètement repoussées aujourd'hui. Car, « que doit-on entendre par poids et mesures faux?

« La nature des choses ne permet pas de consi-« dérer comme tels des instruments qui, sans pré-« senter dans leur extérieur toute l'apparence de « poids et mesures légaux, ont cependant la pesan-« teur ou la contenance indiquée par le nom qu'ils « portent. »

Donc, en résumé, la détention sans motifs légitimes de poids et mesures faux, sans distinction entre l'ancien et le nouveau système, dans des magasins, boutiques ou ateliers, ou dans les halles, foires et marchés, est prévue par l'article 3 de la loi du 27 mars 1851 : elle constitue un délit puni d'une amende de 16 fr. à 25 fr., et d'un emprisonnement de six à dix jours, ou de l'une de ces deux peines seulement.

La détention de poids et mesures non frauduleux, mais irréguliers en ce qu'ils ne présentent pas tous les caractères exigés par les lois et règlements constitutifs du système métrique, est prévue par l'article 479, nº 6, du Code pénal ; elle constitue une simple contravention, punie d'une amende de 11 à 15 francs.

LXIX.

Tentative de délit de tromperie sur la quantité.

La loi du 27 mars 1851 punit la tentative de tromperie comme la tromperie elle-même, qu'elle provienne du fait de l'acheteur ou du fait du vendeur.

Ainsi, l'article 1er, § 3, de cette loi, frappe des peines de l'article 423 : « Ceux qui auront trompé « ou *tenté de tromper*, sur la quantité des choses

« livrées, les personnes auxquelles ils vendent ou « achètent, soit par l'usage de faux poids ou de « fausses mesures, etc... »

On lit sur ce point, dans le rapport de M. Riché : « Les tentatives de filouterie, d'escroquerie, sont « assimilées au fait accompli. L'équité, d'accord « avec le besoin d'une répression plus facile, nous « ont conduits à vous proposer d'étendre cette rè- « gle à la tentative de tromperie par faux poids ou « mesures. Celui qui tend un piége à l'acheteur « n'est pas plus honorable parce que l'acheteur a « été clairvoyant ou que la police est intervenue. « On essaiera moins souvent quand on n'essaiera « plus impunément. »

D'où il suit que la tentative est entièrement assimilée au fait lui-même, chaque fois qu'elle revêt les caractères constitutifs de la tentative du délit de tromperie sur la quantité de marchandise.

Mais quels sont ces caractères? C'est là une question grave, diversement appréciée par les tribunaux. Voici la solution qu'en donne M. Victor Emion, avocat à la cour impériale de Paris, à qui nous empruntons textuellement tout ce qui suit de ce chapitre.

Plusieurs arrêts récents décident que l'exposition en vente d'objets n'ayant pas le poids indiqué par leur forme, constitue la tentative de tromperie sur la quantité de la chose vendue. (Arrêts : d'Orléans, 11 novembre 1851 ; — de cassation, 6 octobre 1854 ; — de Metz, 15 novembre 1854.)

On soutient que si les tentatives de crime ne peuvent exister qu'à la condition de présenter les caractères déterminés par l'article 2 du Code pénal, il n'en est pas de même des tentatives de délit pour lesquelles le Code renvoie aux lois particulières, et dont les caractères constitutifs sont souverainement appréciés par les tribunaux. On ajoute que, relativement à la loi de 1851, le doute n'est pas permis. « En effet, dit l'arrêt de la cour d'Orléans,

« en assimilant la tentative de tromperie à la trom-
« perie même, le législateur révèle suffisamment
« son intention de surprendre les félonies mercan-
« tiles avant qu'elles n'aient produit leur effet, mais
« quand la volonté préméditée et manifeste de les
« commettre n'attend que l'occasion et la provoque
« ostensiblement. — Que l'exposition dans les bou-
« tiques d'un objet nécessairement destiné à la
« vente et même à une vente immédiate et pro-
« chaine, avec connaissance que cet objet n'a pas
« le poids indiqué par sa forme, dès lors avec in-
« dication frauduleuse, doit être assimilée aux
« tentatives.... »

Nous ne pouvons, pour notre part, continue M. Victor Emion, adopter une telle solution.

D'abord, au point de vue des principes généraux, nous croyons que les tentatives de délit doivent, comme les tentatives de crime, réunir, pour être punissables, les caractères énoncés en l'article 2 du Code pénal, excepté, bien entendu, dans les cas spéciaux où la loi en a prononcé autrement. En effet, comme le dit avec beaucoup de raison M. Carnot, « il serait absurde d'imaginer que la ten-
« tative du crime pourrait être plus favorisée que
« la tentative des simples délits. »

Au point de vue spécial de la tentative de tromperie sur la quantité de la chose vendue, nous serions encore plus affirmatif, s'il est possible, les termes dont s'est servi le législateur étant trop précis, selon nous, pour permettre le doute. (Voir, en ce sens, un arrêt de la cour de Nancy, du 14 août 1854.)

En effet, on voit que si, dans sa pensée, l'exposition en vente constitue à elle seule la tentative de tromperie lorsqu'il s'agit d'objets falsifiés ou corrompus, il n'en est pas de même lorsqu'il s'agit de la tentative de tromperie sur la quantité. Il suffit, pour s'en convaincre, de se reporter aux trois premiers paragraphes, ainsi conçus, de l'article 1er :

« Seront punis des peines portées par l'art. 423 du « Code pénal : — 1° Ceux qui falsifieront des subs- « tances ou denrées alimentaires ou médicamen- « teuses *destinées à être vendues*; — 2° Ceux qui ven- « dront ou *mettront en vente* des substances ou den- « rées alimentaires ou médicamenteuses qu'ils sau- « ront être falsifiées ou corrompues ; — 3° Ceux qui « auront trompé ou tenté de tromper, sur la quan- « tité *des choses livrées*, les personnes auxquelles « *ils vendent ou achètent*. »

Il est vrai que, d'après la cour de cassation, cette différence de rédaction n'aurait aucune importance : « Attendu, dit l'arrêt du 6 octobre 1854, « que si le § 2 de la loi précitée n'est pas conçu « dans les mêmes termes que le § 3, cette diffé- « rence provient uniquement de ce que chacun de « ces paragraphes a été destiné à développer des « dispositions existantes et distinctes entre elles. »

Mais à cela nous répondrons que là n'est pas la question : il faut se demander si les mots ont un sens, et si l'on doit accuser le législateur d'avoir servilement copié des dispositions anciennes, sans en peser la portée.

Nous croyons, ajoute M. Victor Emion, que c'est avec intention que le législateur de 1851 a établi cette différence entre la rédaction des divers paragraphes de l'article 1er. En effet, quel est le but de la loi nouvelle ? « C'est, comme l'a dit M. Riché « dans son rapport, de punir la fraude et rien que « la fraude. » Or, il y a fraude dès qu'il y a falsification de substances destinées à être vendues, ou simple mise en vente d'objets que l'on sait être falsifiés ou corrompus ; car il est impossible au marchand de vendre ces objets autrement que falsifiés ou corrompus ; l'intention de tromper l'acheteur est donc suffisamment manifestée par l'exposition en vente. Dans le cas, au contraire, d'objets mis en vente quoique n'ayant pas le poids indiqué par leur forme, il n'y a intention manifeste de tromper l'acheteur qu'au moment de la vente; jusque-là, le marchand peut vouloir tenir compte à l'acheteur du défaut de poids, en lui vendant au poids et non à la forme.

Aussi voyons-nous le législateur changer dans ce dernier cas de langage, et, abandonnant les termes de marchandises *destinées à être vendues*, décider, au contraire, qu'il y aura fraude punissable de la part de ceux « qui auront trompé ou tenté de tromper sur la quantité des marchandises *livrées* aux « personnes auxquelles *ils vendent ou achètent*. »

C'est là, selon nous, la seule interprétation que fournissent le texte et l'esprit de la loi, ainsi que la logique des idées.

LXX.

Consommation du délit de tromperie sur la quantité.

Si nous reprenons le § 3 de l'art. 1er de la loi du 27 mars 1851, nous voyons que la tromperie, comme la tentative de tromperie, est punissable, qu'elle *soit commise* par l'acheteur ou par le vendeur.

Aux termes du paragraphe dont il s'agit, le délit de tromperie sur la quantité se commet :

1° Soit par l'usage de faux poids ou de fausses mesures ou d'instruments inexacts servant au pesage ou mesurage;

2° Soit par des manœuvres ou procédés tendant à fausser l'opération du pesage ou mesurage, ou à augmenter frauduleusement le poids ou le volume de la marchandise avant cette opération.

3° Soit, enfin, par des indications frauduleuses tendant à faire croire à un pesage ou mesurage antérieur et exact.

Par arrêt du 7 février 1856, la cour de cassation a jugé qu'il suffit qu'un seul de ces trois moyens ait été employé, pour qu'il y ait lieu de prononcer contre le prévenu les peines édictées par cet article, dont la rédaction, du reste, ne laisse aucun doute à cet égard, attendu qu'il est parfaitement clair que le mot répété *soit* est mis pour le mot *ou*, conjonction alternative signifiant *autrement, en d'autres termes*.

Nous avons vu précédemment ce que l'on doit entendre par instruments de pesage ou de mesurage faux. Ce sont des appareils, nous le répétons, qui n'ont pas la pesanteur ou la contenance indiquée par le nom qu'ils portent, sans distinction entre l'ancien et le nouveau système. Il y a donc tromperie d'après le premier moyen, quand il est fait usage de poids qui n'ont pas la pesanteur exigée par la loi, ou d'une mesure qui n'a pas la capacité fixée par les règlements. Il y a également tromperie, suivant ce moyen, quand le marchand se sert d'un instrument inexact, comme d'une balance dont un plateau serait plus lourd que l'autre ; d'une bascule qui ne serait pas établie de manière à donner un rapport exact de 1 à 10, quel que soit le poids dont on charge le tablier, ou, enfin, d'une romaine munie d'un poids curseur pesant plus ou moins que celui à l'aide duquel elle a été étalonnée.

Le second moyen de tromperie est mis en usage : 1° quand un marchand, quoique muni d'une balance exacte, fausse cependant l'opération du pesage en suspendant l'instrument sur une table non placée horizontalement, afin d'empêcher un plateau de s'abaisser autant que l'autre; ou quand, pour le même motif, il met, sous le plateau destiné à recevoir la marchandise, un objet plat, facile à dissimuler ; ou, encore, quand l'instrument, quel qu'il soit, placé par lui dans un coin ou contre un mur, n'est pas libre dans ses oscillations ; 2° lorsque, comme le dit le rapport de M. Riché, « le « marchand invoque, au moyen de la ruse, le se- « cours d'une humidité tout-à-fait artificielle. » Ce qui aurait nécessairement lieu si, par exemple, du blé, avant d'être mesuré, de la laine, avant d'être pesée, étaient, par le fait du vendeur, plus ou moins imprégnés d'eau. Cette fraude, dans certains cas, peut encore s'accomplir en soumettant préalablement les denrées destinées à être mesurées à une température plus élevée : l'expérience ayant appris que quelques graines, celle de navette, par exemple, se renflent en s'échauffant, on conçoit que, si on a le même volume, on n'a plus le poids réel d'une matière ainsi préparée.

Le troisième et dernier moyen de tromperie sur la quantité, résulte d'indications frauduleuses tendant à faire croire à un pesage ou mesurage antérieur et exact.

Voici comment M. Riché s'exprime dans son rapport sur ce moyen de tromperie :

« Sans opération matérielle de pesage ou de mesurage, il peut y avoir des fraudes que la préfecture de police a signalées à l'attention de votre commission. Il est des marchandises dont le poids est présumé d'après le nombre qui compose leur collection (comme la chandelle), d'après leur nom, d'après certaines indications. Si le marchand vend, sachant que ces signes sont fallacieux, il dérobe une partie du poids dont ces signes étaient l'expression. Dans d'autres cas, la facture peut chercher à persuader l'existence d'un pesage ou mesurage antérieur et exact, base du prix : soit qu'elle veuille couvrir le déficit ou échapper au contrôle, cette espèce d'escroquerie est vraiment une vente à faux poids. »

La cour de cassation a décidé par deux arrêts, des 27 et 28 avril 1855, que les indications frauduleuses dont parle la loi, ne peuvent résulter que *d'indications matérielles* annonçant un pesage antérieur et exact, et non de simples mensonges de nature à induire l'acheteur en erreur, et que l'on ne saurait voir l'indication frauduleuse « dans le fait du « vendeur de mettre la marchandise dans un sac

« qu'il prétend contenir telle quantité déterminée, « lorsque ce sac n'est ni une mesure légale, ni « d'un usage local. »

Mais il y a indications frauduleuses pouvant devenir l'élément du délit de tromperie :

Lorsque l'orfèvre met sur des couverts la marque d'une quantité d'argenture plus considérable que celle qui existe réellement (Arrêt de Bordeaux du 18 février 1853) ;

Lorsque les bottes de foin, de paille, etc., ne pèsent pas le poids déterminé par les règlements (Ces règlements déterminent ainsi qu'il suit, dans le rayon de Paris, le poids des fourrages : pour le foin, la luzerne, le trèfle, de la récolte au 1er octobre, 6 kos 1/2; du 1er octobre au 1er avril, 5 kos 1/2; du 1er avril à la récolte, 5 kos. Pour la paille, en tout temps, 5 kos);

Lorsque la bouteille qui doit contenir un litre ne le contient pas réellement, comme dans le cas où un liquoriste se servirait du mot *litre* dans une facture, et que les bouteilles expédiées par lui n'auraient pas exactement cette capcité ;

Lorsque les paquets de bougies et de chandelles, vendus comme pesant un demi-kilogramme, ne le pèsent pas, et cela encore bien que l'indication du poids ne se trouve pas sur le paquet (Cassation, 14 avril 1855) ;

Enfin, lorsque des pains, accusant par leur forme un poids de 1, 2, 3 kilogrammes, par exemple, n'ont cependant pas ce poids; mais seulement dans les localités où les pains se vendent sans être pesés au moment de la livraison (Arrêts : de Bourges, 18 juillet 1851 ; — d'Orléans, 11 novembre 1851 ; — de Bordeaux, 3 août 1853; — de cassation, 4 février et 30 juin 1854).

La tromperie, comme la tentative de tromperie, disions-nous en commençant ce chapitre, est punissable, qu'elle soit commise par l'acheteur ou par le vendeur.

Mais dans quel cas l'acheteur se rend-il coupable de ce délit?

« Votre commission, disait M. Riché dans son « rapport, a essayé de rendre la rédaction de l'ar- « ticle 423 applicable non seulement au cas de l'a- « cheteur, mais aussi du vendeur trompé. Celui-ci « peut éprouver un préjudice, quand, par exem- « ple, il apporte des matières chez l'acheteur, et « que, par le méfait de celui-ci, le pesage est infi- « dèle. »

Aussi l'art. 1er, n° 3, de la loi du 27 mars 1851, frappe-t-il des peines de l'art. 423 du Code pénal : « ceux qui auront trompé ou tenté de tromper, sur la quantité des choses livrées, les personnes auxquelles ils vendent ou *achètent*, etc. »

LXXI.

Nomenclature des infractions.

Suivant la législation nouvelle et la jurisprudence de la cour de cassation, les infractions, en matière de poids et mesures, doivent être ainsi classées :

1re *classe*. — Usage d'instruments de pesage et de mesurage faux et inexacts, poinçonnés ou non, et appartenant à l'ancien ou au nouveau système. (Art. 1er, § 3, et art. 5 de la loi du 27 mars 1851.)

2e *classe*. — Possession des mêmes instruments dans les magasins, boutiques, ateliers, maisons de commerce, halles, foires et marchés. (Art. 3 et 5 de la loi du 27 mars 1851.)

3e *classe*. — Emploi ou possession des poids, mesures et instruments de pesage non frauduleux, mais différents de ceux qui sont établis par les lois en vigueur. (Art. 479, n° 6; 480, n° 3, et 481, n° 1, du Code pénal.)

Sont expressément compris dans cette classe les instruments non revêtus des marques prescrites par un règlement administratif, et qui, par le fait, sont dépourvus de la seule preuve que les tribunaux puissent reconnaître de leur légalité.

4e *classe*. — Infractions aux règlements de l'autorité administrative en matière de poids et mesures. (Art. 471, n° 15, du Code pénal.)

Le défaut d'assortiment obligatoire ; le refus d'obtempérer aux visites et vérifications prescrites; l'exposition en vente d'instruments de pesage et mesurage non poinçonnés (arrêt de la cour de cassation, du 22 décembre 1820); la suspension de la balance au-dessous de la hauteur fixée, et généralement toutes les précautions générales et locales régulièrement ordonnées, rentrent dans la classe des infractions qui ne sont pas spécialement prévues par les lois et règlements généraux sur la matière.

5e *classe*. — Fabrication et importation en France d'anciennes mesures. (Art. 24 de la loi du 18 germinal an III.)

Les balances venant de l'étranger ne peuvent être considérées comme anciennes mesures. La nature de ces instruments n'admet pas cette qualification; mais, quelle que soit leur origine, elles ne ne peuvent être exposées en vente sans avoir été préalablement soumises à la vérification première.

Quant aux romaines, représentatives de l'ancien poids, l'assimilation aux anciennes mesures ne saurait être contestée.

La circonstance que des poids et mesures anciens seraient destinés à l'exportation, pourrait-elle être un moyen d'excuse? — Il a d'abord été décidé, dans le sens de la négative, que celui dans le magasin duquel ont été trouvées des mesures anciennes dites *pieds de roi*, lesquelles mesures doivent être réputées irrégulières, aux termes des lois, ne peut être exempt des peines portées par l'art. 479 du Code pénal, sous le prétexte qu'elles étaient destinées à l'étranger. (Cassation, 9 août 1828.)

Mais, sur un pourvoi dans la même affaire, il a été jugé, en sens contraire, que les dispositions des lois relatives aux poids et mesures ne sont point applicables aux poids et mesures destinés, non pour en être fait usage en France, mais pour une expédition à l'étranger; qu'en conséquence, le marchand dans les magasins duquel ont été trouvés exposés, soit des poids non contrôlés, soit des mesures anciennes, doit être renvoyé de la plainte, s'il est constaté que ces objets étaient véritablement destinés pour une exportation. (Cassation, chambres réunies, 17 juin 1829.)

6e *classe.* — Contrefaçon et usage des marques ou poinçons autorisés pour le service des poids et mesures, sauf le cas où le faux n'aurait pas été connu de la personne qui aurait fait usage de la chose fausse. (Art. 142, 163 et 164 du Code pénal.)

7e *classe.* — Application ou usage préjudiciable des marques et poinçons, mais par quiconque se les serait indûment procurés. (Art. 143 du Code pénal.)

LXXII.

Mention des poids et mesures dans les actes publics et privés, dans les affiches, annonces, etc.

Les contraventions prévues et réprimées par l'article 5 de la loi du 4 juillet 1837, n'ont pas été classées parmi celles dont nous avons donné la nomenclature dans le chapitre précédent, parce que, comme on va le voir, elles en diffèrent essentiellement par leur nature et par le mode suivi dans leur répression.

Dès l'instant où le système métrique a été rendu obligatoire, il a été enjoint, sous peine d'amende, aux notaires et aux officiers publics, d'exprimer en mesures nouvelles les quantités à énoncer dans leurs actes. Cette injonction a été renouvelée d'une manière générale par la loi du 4 juillet 1837, dont l'article 5 est ainsi conçu :

« A compter de la même époque (1er janvier « 1840), toutes dénominations de poids et mesures « autres que celles portées dans le tableau annexé « à la présente loi, et établies par la loi du 18 germinal an III, sont interdites dans les actes pu« blics, ainsi que dans les affiches et les annonces.

« Elles sont également interdites dans les actes « sous seing privé, les registres de commerce et « autres écritures privées, produits en justice.

« Les officiers publics contrevenants seront pas« sibles d'une amende de vingt francs, qui sera re« couvrée sur contrainte comme en matière d'en« registrement.

« L'amende sera de dix francs pour les autres « contrevenants; elle sera perçue pour chaque acte « ou écriture sous signature privée; quant aux re« gistres de commerce, ils ne donneront lieu qu'à « une seule amende pour chaque contestation dans « laquelle ils seront produits. »

Il n'y a de mesures légales que celles dont la nomenclature a été fixée par les lois fondamentales des 18 germinal an III et 4 juillet 1837. La mention de toute autre dans un acte notarié, constitue une infraction punie d'une amende de vingt francs.

Toutefois, le notaire qui reçoit un testament étant obligé, aux termes de l'article 972 du Code civil (1), d'écrire textuellement ce que lui dicte le testateur, celui qui exprime, sous la dictée de celui-

(1) Cet article est ainsi conçu : « Si le testament est reçu par « deux notaires, il leur est dicté par le testateur, et il doit être « écrit par l'un de ces notaires, tel qu'il est dicté.

« S'il n'y a qu'un notaire, il doit également être dicté par le tes« tateur, et écrit par ce notaire.

« Dans l'un et l'autre cas, il doit en être donné lecture au testa« teur, en présence des témoins.

« Il est fait du tout mention expresse. »

ci, le résultat de l'évaluation d'une quantité en mesures ou en poids anciens, ne commet point de contravention. (Délibération du conseil d'administration, du 25 janvier 1833.)

Les fractions décimales, de même que les unités principales dont elles sont des parties, doivent seules figurer dans les écritures publiques ou privées. Chacun étant libre, ainsi que nous l'avons déjà dit, d'adopter comme base de marché toute unité, multiple ou sous-multiple des poids et mesures établis par la loi, on peut énoncer 10 hectogrammes au lieu de un kilogramme; 1,000 mètres pour un kilomètre; 100 ares pour un hectare; 1,000 décimètres cubes pour un mètre cube; 10 décilitres pour un litre; etc. Mais, sauf l'exception prévue par l'article 8 de la loi du 18 germinal an III, reproduit à la fin du tableau annexé à la loi du 4 juillet 1837, lequel article permet de compter par *doubles* et par *moitiés* des subdivisions et des composés adoptés, comme par *doubles* et par *moitiés* des unités primitives de poids et de capacité, il ne serait pas permis de se servir, dans un acte, de la dénomination de *trois quarts d'hectolitre*, au lieu de 0 hectolitre 75, ou de 7 décalitres 5; de celle de *trois huitièmes d'hectolitre*, pour 0 hectolitre 375, ou pour 3 décalitres 75, ou enfin pour 37 litres 50; de celle de *un mètre un tiers*, pour un mètre 333; etc. (Tribunal de Lisieux, 23 décembre 1842.)

Cependant, on ne contrevient pas à la loi sur les poids et mesures en se servant, dans un acte, des expressions *sillons, rangs*, attendu que ces mots, qui ne représentent pas d'ailleurs l'idée d'une contenance déterminée de *terres* ou de *vignes*, ne doivent être considérés que comme des termes d'agriculture dont la loi ne pouvait proscrire l'usage. (Tribunal de St-Jean-d'Angély, 23 juillet 1840.)

Il faut en dire autant des dénominations qui s'appliquent à un vaisseau ou à une quantité quelconque dont la mesure et le poids ne sont pas déterminés:

comme une bouteille, un tonneau, un baril de vin; une voiture, une charge de foin, etc.; enfin, de toutes les expressions qui ne déterminent pas expressément une certaine quantité fixe de poids et mesures. (Tribunal d'Avesnes, 8 août 1854.)

Avant la loi du 4 juillet 1837, il était permis, après avoir exprimé une quantité en nouvelles mesures, d'en donner la traduction en mesures anciennes. Aujourd'hui cette traduction est formellement interdite; ce qui résulte de ces mots de l'article 5 de la loi précitée : « toutes dénominations de poids et mesures autres que celles portées dans le tableau annexé à la présente loi, sont interdites. »

Les officiers publics peuvent, sans contravention, reproduire dans les copies, extraits ou analyses d'actes antérieurs au 1er janvier 1840, les anciennes dénominations de poids, mesures et monnaies, à la condition d'indiquer dans l'acte nouveau qu'en employant les anciennes dénominations, on analyse l'acte ancien. (Instructions de la régie, du 20 août 1842.)

Les dénominations anciennes sont également interdites dans les affiches et les annonces, par le même article 5 de la loi du 4 juillet 1837, sous peine d'une amende de dix francs. Il est donc défendu d'employer dans les affiches et les annonces, d'autres expressions monétaires, par exemple, que le franc, le décime, le centime. Conséquemment, il y a contravention de la part d'un marchand qui expose dans son magasin des marchandises avec des étiquettes exprimant leur prix en *sous*. (Cassation, 17 avril 1841.)

Les dénominations de poids et mesures autres que celles des poids et mesures décimaux sont encore interdites dans tous les cas, et notamment sur la voie publique et dans les ventes aux enchères. (Circulaire ministérielle du 30 août 1839.)

Enfin, elles sont interdites dans les actes privés, lorsque ces actes sont produits à l'appui de prétentions sur lesquelles la justice est appelée à prononcer.

Le montant des amendes encourues par les officiers publics pour contravention à l'article 5 de la loi du 4 juillet 1837, est exigible aussitôt que l'infraction est connue, c'est-à-dire au moment même où l'acte entaché d'illégalité est soumis à la formalité de l'enregistrement.

Les contraventions à l'article 5 de la loi du 4 juillet 1837, en ce qui concerne les affiches et les annonces, sont constatées par les maires, leurs adjoints et les officiers de police, ou signalées par les vérificateurs au receveur de l'enregistrement, chargé de la poursuite. L'amende encourue, dans ce cas, est aussi exigible aussitôt que la contravention est dénoncée.

Pour les actes sous seing privé, les registres de commerce et autres écritures, au contraire, la contravention ne devient punissable que du moment où ces actes, registres ou écritures sont produits en justice. Il suit de là que la simple présentation à l'enregistrement d'un acte sous seing privé contenant des dénominations illégales, ne pourrait donner lieu à aucune poursuite.

Enfin, suivant l'article 6 de la loi du 4 juillet 1837, il est défendu aux juges et arbitres de rendre aucun jugement ou décision en faveur des particuliers, sur des actes, registres ou écrits dans lesquels les dénominations interdites par l'article précédent auraient été insérées, avant que les amendes encourues aux termes dudit article aient été payées.

L'amende encourue pour contravention à l'article 5 de la loi du 4 juillet 1837, est recouvrée sur contrainte. L'opposition à la contrainte doit être portée devant le tribunal civil.

Les tribunaux de police ne sont pas compétents pour réprimer les contraventions à l'article 5 de la loi du 4 juillet 1837. C'est aux receveurs d'enregistrement et par voie de contrainte, qu'il appartient de poursuivre les contrevenants. (Cassation, 30 mai 1844.)

En admettant que l'annonce verbale, par cri sur la voie publique, de marchandises vendues avec des dénominations d'anciennes mesures, *à tant l'aune*, par exemple, constitue une contravention à l'art. 5 de la loi du 4 juillet 1837, c'est au tribunal civil et non au tribunal de simple police qu'il appartient d'en connaître. (Cassation, 1er avril 1848.)

FIN.

ERRATA.

Fautes essentielles à corriger.

Page 49, *ligne* 38, *au lieu de* : d'une pesée, *lisez* : d'eau pesée.

Page 81, *ligne* 18, *au lieu de* : $\frac{100,000}{100}$ *lisez* : $\frac{1,000,000}{100}$

Page 83, *ligne* 20, *au lieu de* : 1,747,895,630 millimètres cubes, *lisez* : 17,478,956,300 millimètres cubes.

Page 83, *ligne* 27, *au lieu de* : 10,000,000 de fois, *lisez* : 1,000,000 de fois.

Page 90, *ligne* 20, *au lieu de* : 23 fr. 50, *lisez* : 24 f. 50.

Page 94, *ligne* 37, *au lieu de* : du double décalitre ou décilitre, *lisez* : du double décalitre AU décilitre.

Page 102, *ligne* 7, *au lieu de* : Ces principes généraux étant posés, etc., *lisez cet alinéa à la fin du chapitre, après ces mots* : comme on l'a tenté quelquefois.

Page 115, *ligne* 14, *au lieu de* : exercice sur l'obstacle, *lisez* : exerce sur l'obstacle.

Page 123, *ligne* de titre, *au lieu de* : numération, *lisez* : pratique.

Page 124, *ligne* 27, *au lieu de* : 0 grammes 904 millièmes, *lisez* : 0 gramme 904 millièmes.

Addition à faire.

Chapitre LXIX. Après ces mots : *On soutient que si les tentatives de crime ne peuvent exister qu'à la condition de présenter les caractères déterminés par l'article 2 du Code pénal* (1), lire cette note :

Cet article est ainsi conçu : « Toute tentative de crime qui aura « été manifestée par un commencement d'exécution, si elle n'a « été suspendue ou si elle n'a manqué son effet que par des cir- « constances indépendantes de la volonté de son auteur, est con- « sidérée comme le crime même. »

TABLE DES MATIÈRES.

Pages.

TROISIÈME PARTIE.

Théorie.

QUATRIÈME PARTIE.

Règlementation.

CINQUIÈME PARTIE.

Numération.

SIXIÈME PARTIE.

Calcul.

SEPTIÈME PARTIE.

Pratique.

HUITIÈME PARTIE.

Pénalité.

FIN DE LA TABLE DES MATIÈRES.

www.ingramcontent.com/pod-product-compliance
Lightning Source LLC
LaVergne TN
LVHW020314230826
846091LV00003B/667
* 9 7 8 2 3 2 9 0 1 2 1 2 4 *